心 理 顾 问

XINLIGUWEN

傅安球 主编

重庆大学出版社

图书在版编目(CIP)数据

心理顾问/傅安球主编．--重庆:重庆大学出版社,
2018.7

(心理咨询师系列)

ISBN 978-7-5689-1155-9

Ⅰ.①心…　Ⅱ.①傅…　Ⅲ.①心理咨询—职业培训—
教材　Ⅳ.①B849.1

中国版本图书馆 CIP 数据核字(2018)第 129825 号

心理顾问

傅安球　主　编
鹿鸣心理策划人:王　斌
执行编辑:敬　京
责任编辑:张家钧　　版式设计:尹　恒
责任校对:刘　刚　　责任印制:张　策
*
重庆大学出版社出版发行
出版人:易树平
社址:重庆市沙坪坝区大学城西路 21 号
邮编:401331
电话:(023) 88617190　88617185(中小学)
传真:(023) 88617186　88617166
网址:http://www.cqup.com.cn
邮箱:fxk@cqup.com.cn(营销中心)
全国新华书店经销
重庆三达广告印务装璜有限公司印刷
*
开本:720mm×1020mm　1/16　印张:17.5　字数:295 千
2018 年 7 月第 1 版　　2018 年 7 月第 1 次印刷
ISBN 978-7-5689-1155-9　定价:56.00 元

主　编　傅安球

副主编　梁宁建　张海燕　张　华

作　者（以姓氏笔画为序）

张　华　张海燕　陈建萍　顾海根

崔丽莹　梁宁建　傅安球

前 言 Qianyan

当今社会竞争日趋激烈,节奏快、压力大,使人们更注重内心的放松和平静;生活水平迅速提高,物质丰富、应有尽有,却又难掩人们对精神生活的强烈渴望;文化层次普遍提升,知识多、见识广,也使人们更关注自我内心的反思和探索。当下时代的这些特征,让人们越来越重视心理健康,越来越期待能及时获得规范、优质的心理健康服务。

习近平总书记在 2016 年全国卫生与健康大会上强调"要加大心理健康问题基础性研究,做好心理健康知识和心理疾病科普工作,规范发展心理治疗、心理咨询等心理健康服务"。《国民经济和社会发展第十三个五年规划纲要》也明确提出要加强心理健康服务,《"健康中国 2030"规划纲要》则要求加强心理健康服务体系建设和规范化管理。

由于国家对心理健康的高度重视和人们对心理健康的普遍关注,因此,加强心理健康教育、普及心理健康知识和做好社会心理服务工作,不仅是全社会的共识,也是我们每个从事心理健康理论研究和心理健康服务的实务工作者的责任。

目前,国内现有的心理健康服务还远不能满足社会现实和广大群众的需求,专业心理服务资源匮乏;有效的心理服务提供不足;个体心理需要与专业化供给之间脱节;人才分层培养的细化指向性不够……《心理顾问》的出版,旨在帮助广大心理健康服务工作者掌握心理健康服务的基础知识,并提高心理健康服务能力,既能做自己的心理健康专家,又能成为别人的心理健康顾问。同时,本书有益于人们实现自我探索、自我认识和自我提升,提高生活与人际交往中的自助能力和互动能力。

本书既有基础性心理学理论和心理健康服务知识,也有心理健康服务实务方法和技术,并延伸到了心理学在社会多领域的实际应用。本书邀请了从事心理健康服务理论研究和实务工作的教授、学者来撰写相关内容,各章节及其作者分别为:基础心理学(梁宁建)、社会心理与人际关系(崔丽莹)、心理健康与心理问题识别(傅安球)、心理测评理论与应用(顾海根)、心理顾问的方法与技术(傅安球)、心理危机与干预技巧(张海燕)、心理顾问在企业中的应用(张华)、心理顾问在社区中的应用(陈建萍)、心理顾问在婚恋家庭中的应用(张华)。

《心理顾问》是国内注册心理顾问项目的培训教材,同时也可以作为心理辅导、心理咨询、心理教育等领域的教材和参考资料。对于重视心理健康的广大人群而言,本书同样也是一本具有知识性、启发性和自助性的书籍。

"心理顾问"这一概念的逐渐生活化、职业化,将会更多地惠及大众,也会使心理学更多地走向社会。希望本书可以在社会心理健康服务中发挥助力作用。

傅安球

2018 年 6 月 30 日

目　录 Mulu

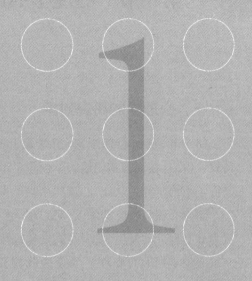

第一章
基础心理学

第一节 心理学的研究对象及主要流派

一、心理学的研究对象

1879年,德国心理学家、哲学家和现代实验心理学创始人冯特(W. Wundt, 1832—1920)在德国莱比锡大学创建了世界上第一个心理实验室,对人的心理现象进行了系统研究。从此,心理学从哲学中分离出来,成为一门独立的科学。

随着心理学研究的深入,对心理学作出了相对统一的定义:心理学是研究人的行为和心理活动发生、发展及其变化规律的科学。

心理学把人的心理活动分为既相互联系又有区别的两个部分:心理过程和人格。

1.心理过程

人的心理过程包括认知过程、情绪情感过程和意志过程。

认知过程是人脑认识客观事物的过程,是人最基本的心理过程,包括感觉、知觉、记忆、思维和想象。

情绪情感过程是人脑对客观事物是否满足自身物质与精神需要产生的态度体验,是人对客观事物的需要的主观反映。

意志过程是人自觉确定目的,克服困难,力求实现预定目的的心理过程。实现既定目的的有意识地调节与支配行为的心理活动,是人的意志的体现,是人与动物本质区别的体现。

注意是伴随整个心理活动过程的心理特性。

认知过程、情绪情感过程和意志过程发生、发展的规律性是心理学研究的对象之一。

2.人格

人格主要表现在两个方面:个性心理倾向性和个性心理特征。个性心理倾向性和个性心理特征也是心理学的重要研究对象。

（1）个性心理倾向性

个性心理倾向性是指人对客观事物及活动对象的选择与趋向，是人积极从事活动的指向性和基本状态。个性心理倾向性主要包括需要、动机、兴趣、爱好、理想、价值观、人生观和世界观等。

（2）个性心理特征

个性心理特征是人在认知过程、情绪情感过程和意志过程中形成的稳定且经常表现出来的特征，是多种心理特征的独特结合，集中反映了一个人的心理面貌。个性心理特征主要包括能力、气质和性格。

总之，心理学是研究人的心理过程发生、发展规律的科学，是研究人格形成、发展与变化规律的科学，是研究心理过程和人格相互关系规律的科学。

二、心理学的主要流派

1.构造主义：心理活动的内容

构造主义心理学创始人冯特认为意识经验包括内容、过程和原因。内容是人所经历的经验，包括感觉、意象和感情。过程是经验发生、发展的过程，包括经验如何发生、发展及变化。原因是经验产生的缘由，以及它们之间存在着的因果关系。

2.机能主义：有目的的心理

机能主义心理学创始人是美国心理学家詹姆斯（W.James，1842—1910）和杜威（J.Dewey，1859—1952）。他们主张，心理学要研究人在适应环境过程中所扮演角色行为的心理活动，"意识流"在适应环境的过程中具有重要作用。

3.格式塔心理学：整体的心理

格式塔心理学由德国心理学家魏特海默（M.Wertheimer，1880—1943）等人创立。格式塔（Gestal）意为"整体""形状"或"完形"，强调知觉的组织。格式塔心理学把人的心理作为整体进行探讨，而不是简单地把心理或行为分解为部分，提出了"整体不同于部分之和""整体先于部分而存在，并制约和决定部分的性质与意义""部分相加不等于整体，整体大于部分之和"的观点。

4.精神分析：心理活动的动力

精神分析理论由奥地利精神病医生弗洛伊德（S.Freud,1856—1939）创立。他认为，人的言行会不断地受到潜意识的观念、冲动、欲望等的影响，人的思维、感情、行为的发生并非偶然，其中儿童期的经验对后来个性的形成与发展具有重要影响。

5.行为主义：理解和控制行为

行为主义的代表人物是美国心理学家华生（J.B.Watson,1878—1958）和斯金纳（B.F.Skinner,1904—1990）。行为主义认为，心理学的研究应该遵循刺激—反应公式，把研究的内容由内隐的心理和意识转向外显的行为，环境因素是行为产生与发展的决定因素。

6.人本主义心理学：潜能的发展

人本主义心理学由美国心理学家马斯洛（A.Maslow,1908—1970）和罗杰斯（C.Rogers,1902—1987）创立。他们认为，心理学研究应以正常健康人为对象，每个人都有自我成长、发展和掌控自己生活及行为的动力，人的本性是善良的，并蕴藏着巨大潜力，具有寻求和达到自我实现的潜能。

7.认知心理学：多水平、多层次的信息加工

认知心理学是20世纪50年代中期在西方兴起的一种心理学思潮，70年代开始成为西方心理学的一个主要研究方向。认知心理学以人的认知过程为研究对象，探索思考、认识和了解外部世界的认知活动，探讨知识获取和知识使用的过程。

第二节　注　意

一、注意概述

1.注意的含义

注意是心理活动对一定事物的指向和集中,是心理活动的一种积极状态,总是和心理活动过程紧密联系在一起,因此,注意是心理活动的共同特性。

2.注意的特征

（1）指向性

注意的指向性是指人的心理活动或意识总是有选择地反映一定的事物,而离开或忽略其他的对象。

（2）集中性

注意的集中性是指人的心理活动或意识停留在被选择的事物上的强度或紧张度,它使人的心理活动或意识离开无关事物,并且抑制多余的活动,保证活动得以顺利开展。

3.注意的功能

（1）选择功能

注意的选择功能,表现为人的心理活动指向那些有意义、符合需要、与当前活动相一致的事物,避开或抑制那些无意义的、附加的、干扰当前活动的刺激和信息,具有一定指向性。

（2）维持功能

注意具有维持的功能,即当对外界信息进入知觉、记忆等心理过程进行加工时,注意能够把已经选择为有意义、需要进一步加工的信息保留在意识中。

(3)调节与监督功能

当需要从一种活动转向另一种活动的时候,注意就表现出重要的调节与监督功能,使人的活动朝向目标,并根据需要适当分配和适时转移,使其对外界事物或自己的行为、思想、情感反映得清晰和准确。

二、注意种类

1.无意注意

无意注意又称不随意注意或消极注意,是指事先无预定目的,也不需作意志努力、不由自主地对一定事物发生的注意。

引起不随意注意的原因主要有两个方面:一是刺激物本身的特点;二是人本身的状态。

2.有意注意

有意注意是指一种自觉的、有预定目的的、必要时需要一定意志努力的注意。有意注意是注意的积极、主动的形式,是在人的实践活动中形成和发展起来的,同时,实践活动也离不开人的有意注意。

引起和维持有意注意的因素主要概括为:加深对活动目的与任务的理解、培养间接兴趣、合理地组织活动和个性特征。

3.有意后注意

有意后注意是指具有自觉目的,但不需要特别意志努力的注意。有意后注意由有意注意发展而来,是人类所特有的注意的高级表现形式,也是人类从事创造活动的必要条件。

有意后注意一方面与自觉的目的与任务相联系,这类似于有意注意,它是在有意注意的基础上发展起来的;另一方面有意后注意无须意志努力,这又类似于无意注意。

三、注意的特征

1.注意的广度

注意的广度是指个体在一瞬间内能觉察或知觉到的对象的数量。

注意的广度受两个方面因素的影响:知觉对象的特点、知觉者的活动任务和知识经验。

2.注意的稳定性

注意的稳定性是指人在同一对象或同一活动上注意所能持续的时间。

注意的稳定性有狭义注意稳定性和广义注意稳定性之分。狭义注意稳定性是指注意保持在同一对象上的时间特征。广义注意稳定性是指注意保持在同一活动上的时间特征。

与注意的稳定性相反的状态是注意的分散,又称为分心,指注意离开当前应当完成的活动任务而被无关事物所吸引,即注意没有完全保持在当前所应该指向和集中的事物上。引起注意分散的原因有两个:一方面是由于无关刺激的干扰或单调刺激的长期作用所致;另一方面,与人的主体状态,如疲劳、疾病、担忧等有关。

3.注意的分配

注意的分配是指人在同一时间内把注意指向于两种或两种以上的对象或活动的注意特征。

人的注意分配能力,主要依赖以下两个条件:①活动的熟练程度。注意的分配,要求同时进行着的两种或几种活动中,必须有一种活动达到相当熟练以至于自动化或部分自动化的程度。因为只有这样,已经熟练的活动才无须用太多的注意力,才可以把更多的注意集中到比较生疏的活动上去。在这种情况下,就能做到"一心二用"。②同时进行的几种活动之间的联系。如果几种活动之间没有内在联系,同时进行则很困难;只有当它们之间形成某种反应系统后,组织更加有合理性时,注意分配才容易完成。

4.注意的转移

注意的转移是指根据新任务的要求,主动地把注意从一个对象转移到另一个对象上去的注意特征。注意的转移与注意的分散不同,注意的分散是受无关刺激的影响,在无意识中发生的,完全是被动的,对正在进行的活动是一种妨碍。

注意的转移过程主要受三个因素的制约:原来活动吸引注意的强度、新事物的性质与意义以及事先是否具有转移注意的信号。

第三节　感觉和知觉

一、感觉概述

1.感觉的含义

感觉是人脑对直接作用于感觉器官的客观事物的个别属性的反映。人对客观事物的认识活动是从感觉开始的。

2.感觉的特征

(1)直接性

感觉反映的是当前直接作用于感觉器官的客观事物,而不是过去的或间接的事物。

(2)个别属性

感觉反映的是客观事物的个别属性,而不是事物的整体。对客观事物个别属性的整体反映以及对其意义的解释,要由比感觉更高级的知觉、思维等心理活动过程来完成。

3.感觉种类

(1)外部感觉

外部感觉是指由外部客观刺激引起,反映外部事物个别属性的感觉。外部感觉主要有视觉、听觉、嗅觉、味觉和肤觉。

（2）内部感觉

内部感觉是指由有机体内部刺激引起，反映内脏器官、身体平衡及自身状况的感觉。内部感觉主要有运动觉、平衡觉和机体觉。

4.感觉测量

（1）感觉阈限和感受性

心理量与物理量之间的关系是用感受性大小来说明的。感受性是指人对适宜刺激的感觉能力。感觉阈限是指能引起感觉持续一定时间的刺激量。感觉阈限与感受性的大小成反比关系，感觉阈限越高，感受性越弱；感觉阈限越低，感受性越强。

（2）差别感觉阈限和差别感受性

差别感觉阈限是指刚刚引起差别感觉的两个同类刺激之间的最小差别量。

差别感受性是指对同类刺激最小差别量的感觉能力。差别感觉阈限和差别感受性之间成反比关系。差别感受性越高，引起差别感觉所需要的刺激差别量越小，即差别感觉阈限越低。

二、感觉现象

1.感觉适应

感觉适应是指感受器在刺激的持续作用下，人的感受性发生变化的现象。

视觉适应是最常见的感觉适应现象。视觉适应包括明适应和暗适应两种。暗适应是指在暗光下人眼对光的敏感性逐渐提高的过程。明适应是指从暗处进入亮处所引起的人的视觉感受性降低的现象。

在日常生活中，有许多感觉适应现象。例如，"入鲍鱼之肆，久而不闻其臭；入兰芷之室，久而不闻其香"，这是嗅觉适应。人对痛觉的适应极难产生，正因如此，痛觉成为伤害性刺激的预警信号而颇具生物学意义。

2.感觉对比

（1）同时对比

同时对比是指两个刺激同时作用于同一感受器时产生的感觉对比现象。

（2）继时对比

继时对比是指两个刺激先后作用于同一感受器产生的感觉对比现象。

3.联觉

联觉是指一种感觉引起另一种感觉的心理现象。联觉是感觉相互作用的表现，常见的有颜色联觉与温度联觉、色听联觉和视听联觉。

三、知觉概述

1.知觉的含义

知觉是人脑对直接作用于感觉器官的客观事物的各种属性、各个部分及其相互关系的整体反映。知觉以感觉为基础，是人脑对感觉信息的选择、组织和解释。

2.知觉的分类

根据知觉过程中起主导作用的分析器不同，可将知觉分为视知觉、听知觉、嗅知觉和味知觉等。依据知觉反映的客观事物的特性不同，可将知觉分为空间知觉、时间知觉和运动知觉。

3.感觉和知觉的异同

（1）感觉和知觉的相同点

感觉和知觉都是人脑对当前直接作用于感觉器官的客观事物的主观反映。

感觉和知觉都是人脑活动的结果，是人脑对感官接收到的刺激信息的加工处理过程。

（2）感觉和知觉的区别

感觉是人脑对直接作用于感官的客观事物的个别属性的反映，知觉则是人脑对直接作用于感官的客观事物的各种属性、各个部分及其相互关系的整体的、综合的反映。

感觉是介于生理和心理之间的活动过程，它的产生主要来自感觉器官的生理机制和刺激信息的物理特性，不需要或很少需要人的知识经验，相同的刺激会引起相似的感觉。知觉则是纯粹的心理活动，它的产生来自感觉基础上对客观事物各种属性的整合和解释以获得某种意义的心理活动,需要人的知识经验等的参与,不同的人对同一刺激信息可能会产生不同的知觉。

4.感觉和知觉之间的联系

感觉是人脑对客观事物个别属性的反映,知觉是人脑对客观事物各种属性的整体反映。感觉是知觉过程的重要组成部分,是知觉的前提和基础。知觉则是感觉的深入和发展。

四、知觉的特征

1.知觉选择性

知觉选择性是指人在知觉过程中根据自己的需要与兴趣,有目的地把某些客观事物作为知觉对象,而把其他事物作为背景。知觉选择性受客观事物本身特点、客观事物在空间上的接近或连续以及形状相似性、客观事物符合"良好图形"原则等因素的影响。

2.知觉整体性

知觉整体性是指人在知觉过程中利用已有的知识经验把作为知觉对象的客观事物的各个属性或部分整合为一个整体。知觉整体性受客观事物本身特点、知觉者的主观状态等因素的影响。

3.知觉理解性

知觉理解性是指人在知觉过程中根据已有的知识经验对客观事物用语词进行概括、解释或加以标志等组织加工以赋予其意义。知觉理解性受知觉者知识经验、他人言语指导等因素的影响。

4.知觉恒常性

知觉恒常性是指人在知觉过程中的一定范围内,不随知觉的客观条件改变而仍保持稳定的知觉映象。

知觉恒常性的种类:

(1)大小恒常性

人在知觉物体大小时,并不完全随视网膜上视像的变化而变化,而仍保持该事物实际的大小。

(2)明度恒常性

当照明条件改变时,人知觉到的物体的相对明度仍保持不变。

(3)形状恒常性

当观察熟悉物体的角度发生变化而导致视网膜的影像发生改变时,其原本的形状仍保持相对不变。

(4)颜色恒常性

观察熟悉物体由于照明等条件的变化而使色光改变时,人对熟悉物体的颜色知觉仍保持相对不变。

(5)方向恒常性

人在感知物体方向时,身体部位或视像方位发生改变,物体实际方向仍保持不变。

第四节 记 忆

一、记忆概述

1.记忆的含义

(1)记忆的定义

记忆是指人脑对过去经验的保持和再现。过去经验是指感知过的事物、思考过的问题、体验过的情感、练习过的动作等在人脑中的保持,在一定条件影响下重新得到恢复。

(2)记忆环节

识记是记忆的第一个基本环节,是识别与记住事情的过程,具有选择性特点,是记忆的前提和关键。保持是指已识记的知识经验在人脑中的巩固,是记忆的第二个基本环节。回忆或再认是在不同条件下恢复过去的经验。过去经历过的事物不在面前,能把它们在人脑中重新呈现出来,称为回忆;过去经历过的事物再次出现在面前,能把它们加以确认为已识记过的事物,称为再认。再认和回忆是记忆的第三个基本环节。既不能回忆又不能再认的现象,称为遗忘。

2.记忆的种类

（1）内隐记忆和外显记忆

内隐记忆是指在无意识回忆的情况下,人的知识经验自动地对当前任务项目产生影响的记忆。

外显记忆是指人有意识地或主动地收集某些知识经验完成当前任务项目的记忆。

（2）陈述性记忆和程序性记忆

陈述性记忆是指对事实的记忆,如人名、地名、名词解释、定理、定律等都属于陈述性记忆。陈述性记忆具有明显的可以言传的特征,即在需要时可将事实陈述出来。

程序性记忆是指对具有先后顺序的活动过程的记忆。程序性记忆最显著的特点是不能用言语表述,即不能言传。

（3）形象记忆、情景记忆、语义记忆、情绪记忆和运动记忆

形象记忆是指人以感知过的事物的形象为内容的记忆,它在脑中保持的是事物的具体形象,具有比较鲜明的"直观"性,并以表象形式储存,一般以视觉和听觉的形象记忆为主,也存在某些触觉的形象记忆。

情景记忆是指人以亲身经历、发生在一定时间和地点的事件或情景为内容的记忆。情景记忆接受和储存的信息和个人生活中的特定事件与特定时间和地点相关,并以个人经历为参照,是个体真实生活的记忆。

语义记忆是指人以有组织的知识为内容的记忆,又称为语词逻辑记忆,是以语词概括的事物的关系以及事物本身的意义和性质为内容的记忆。

情绪记忆是指人以曾经体验过的情绪或情感为内容的记忆。引起情绪和情感的事件已经过去,但对该事件的体验则保存在记忆中,在一定条件下,这种情绪和情感又会重新被体验到。

运动记忆是指人以过去经历过的身体运动或动作形象为内容的记忆。运动记

忆是以过去的运动或操作动作形成的动作表象为前提,没有运动表象(运动或动作形象在脑中的表征)就不会有运动记忆。

二、记忆系统

根据记忆过程中信息输入、编码方式的特点,将记忆分为感觉记忆、短时记忆和长时记忆。

1.感觉记忆

感觉记忆是指感觉性刺激作用后仍在脑中继续短暂保持其映象的记忆,又称为瞬时记忆,它是人类记忆系统中信息加工的第一个阶段,后象就是感觉记忆的例子。

感觉记忆的特征:

①进入感觉记忆中的信息完全依据它所具有的物理特征编码,并以感知的顺序被登记,具有鲜明的形象性。

②进入感觉记忆的信息保持时间短暂。图像记忆保持的时间约为1秒,声像记忆虽超过1秒,但不长于4秒,它为感觉记忆保持高度的效能提供了基本条件。

③感觉记忆的容量由感受器解剖生理特点决定,几乎所有进入感官的信息都能被登记。

2.短时记忆

短时记忆是指人脑中的信息在一分钟之内加工编码的记忆。短时记忆中的信息是来自感觉记忆并对其进行操作、加工,活动着的记忆,只有当那些被加工、处理和编码后的信息,才能被转入长时记忆中存储,否则就会被遗忘。

短时记忆的特征:

①短时记忆中的信息保持时间,在无复述情况下一般只有5~20秒,最长也不超过1分钟。信息从短时记忆转入长时记忆的心理机制是复述,复述是为了把一定限量的信息保持在记忆中的内部言语。

②短时记忆的容量有限。短时记忆的容量又称记忆广度,是指信息短暂呈现后个体所能表现的最大信息量。美国心理学家米勒(Miller,1920—2012)有关短时记忆的研究表明,人类的记忆广度为7±2个组块,即5~9个项目,其平均数为7

个,是正常成人短时记忆的平均值。如果在主观上对材料加以组织并进行再编码,则构成"组块"(Chunk)。组块是指将若干信息单元联合成有意义的、较大单位的信息加工的记忆组织。因此,组块是一个有意义的信息单元。

③短时记忆中的编码形式。短时记忆对刺激信息的编码方式以听觉编码为主,也存在视觉编码和语义编码。

3.长时记忆

长时记忆是指信息经过加工,在人脑中可长久保持并有巨大容量的记忆。长时记忆中的信息保持时间在 1 分钟以上,一般能保持数年,乃至终生。

长时记忆中存储的信息大都是从短时记忆中得到精致性复述的信息,使人能有效地对新信息进行编码,以便更好地识记和保持新获得的信息,同时它也能迅速有效地提取信息,以解决当前所面临的问题。

长时记忆的特征:

①记忆容量无限。长时记忆的容量可以储存人对世界认识的知识经验,是一个庞大的信息库。长时记忆把信息保持下来以备后用,或把过去已存储的信息提取出来用于当前。

②信息保持时间长久。长时记忆中储存的信息保持时间能够按时、日、月、年乃至终生计量。一般认为,长时记忆中出现的遗忘现象,主要是由于信息受到干扰,使提取信息的过程遇到了困难或内部与外部的障碍。

③以意义编码为主。长时记忆中的信息编码方式以意义编码为主,有两种方式,即语义编码和表象编码,它们又被称为信息的双重编码。

三、遗 忘

遗忘是指人对识记过的材料不能再认或回忆,或是错误地再认或回忆。

1.遗忘曲线

德国心理学家艾宾浩斯(H.Ebbinghaus,1850—1909)的遗忘实验研究表明,遗忘规律是先快后慢,随着时间的消逝,遗忘逐渐缓慢下来,到了一定时间,几乎就不再遗忘了,即艾宾浩斯遗忘曲线。

2.遗忘理论

（1）记忆痕迹衰退说

记忆痕迹衰退说强调生理活动对记忆痕迹的影响，认为遗忘是因为记忆痕迹得不到强化逐渐减弱、衰退以至于消失的过程。

（2）干扰抑制说

干扰抑制理论认为，遗忘的主要原因是由于在学习和回忆时受到了其他刺激信息干扰，一旦排除这些干扰，记忆就可以恢复。

干扰抑制分为两类：前摄抑制和倒摄抑制。前摄抑制是指先学习与记忆的材料对后学习与记忆材料的干扰作用。倒摄抑制是指后学习与记忆的材料对先学习与记忆材料的保持与回忆的干扰作用。

（3）动机性遗忘说

动机抑制理论又称压抑说，认为遗忘是由于某种情绪或动机的驱使或压抑所致，如果压抑被解除，记忆就能恢复。

第五节　表象和想象

••••
••••

一、表　象

1.表象概述

表象是指人脑对感知过的事物的形象的反映，是事物不在面前时，对事物的心理复现，是由人脑中刺激痕迹的再现引起的。

表象的特征：

（1）直观形象性

表象是以生动具体的形象在人脑中呈现，具有直观形象性特征。但它不同于感知觉的直接性特征，表象反映的是客观事物的大体轮廓和主要特征，不如感知觉那么鲜明、完整和稳定。

（2）概括性

表象反映的事物形象不是某个具体事物或事物的某个特征,而是同一事物或同一类事物在不同条件下所表现出来的一般特点或共同特征,是一种归类的事物形象。

表象是从感知到思维的过渡阶段,是认识过程中的重要环节。从表象的直观形象性来看,表象与感知觉相似;从表象的概括性来看,表象和思维相似。但它既不是感知觉也不是思维,而是介于两者之间的中间环节。

2.表象种类

（1）视觉表象、听觉表象、动觉表象、嗅觉表象、味觉表象和触觉表象

根据表象形成时占主导的感觉通道不同,表象可分为视觉表象、听觉表象、动觉表象、嗅觉表象、味觉表象和触觉表象等。

（2）个别表象和一般表象

人感知某个事物并形成与此相应的表象,称为个别表象。人感知某一类事物后概括地形成反映某类事物的表象,称为一般表象。

（3）记忆表象和想象表象

记忆表象是过去感知过的事物形象在人脑中的重现,保留了客观事物的主要形象特征。想象表象是人脑在已有表象的基础上,进行加工改造和整合而形成的新形象。

二、想 象

1.想象概述

想象是人脑对原有表象进行加工改造而形成新形象的心理过程,是以表象为内容的特殊形式的高级认知活动。人不仅能够回忆起过去感知过的形象,而且能够利用已有表象想象出从未感知过的事物的形象。

2.想象的功能

（1）预见功能

想象的预见功能是指一个人能对客观现实进行超前反映,以形象的形式实现

对客观事物的超前认知。科学家的发明创造、工程师的工程设计,都是想象预见功能的体现。

(2)补充功能

想象的补充功能是指弥补人的认识活动在时间与空间上的局限和不足,或者当很难直接感知对象时,想象能弥补认知上的不足。

(3)代替功能

想象的代替功能是指当人的某些需要和活动不能实际得到满足或完成时,可以通过想象从心理上得到某种替代与满足。

3.想象的种类

根据想象活动是否具有目的性和计划性,把想象分为无意想象和有意想象。

(1)无意想象

无意想象是指没有预定目的,在一定刺激作用下,不自觉地产生的想象。

无意想象的特殊形式是梦。梦是人在睡眠状态下产生的正常心理现象,是无意想象的极端形式。

(2)有意想象

有意想象又称随意想象,是指根据预定目的,在一定意志努力下,自觉进行的想象。有意想象具有一定的预见性和方向性,它调节与控制着想象活动的方向和内容。

根据有意想象产生的独立性、新颖性及创造性的差异,可将其分为再造想象和创造想象。

①再造想象,是指根据言语描述或图形符号的示意,在人脑中形成相应事物的新形象的过程。

形成正确再造想象有赖于两个条件:一是正确理解言语或词语的描述和图形或符号标志的实物的意义。二是丰富的表象储备。记忆表象是想象的基础,记忆表象越丰富,再造想象的内容就越多样。

②创造想象,是指根据一定目的和任务,不依据现成描述,在人脑中独立地创造出某种新形象的心理过程。创造想象中的形象不是根据别人的描述,而是以积累的记忆表象为基础,按照自己的想象来创造具有社会意义与社会价值的新形象。

创造想象是比再造想象更为复杂的智力活动,它的产生依赖于社会实践的需要、个体强烈的创造欲望、丰富的表象储备、高水平的表象改造能力以及思维的积极性等主客观条件。

(3)幻想

幻想是指与个人生活愿望相结合,并指向未来发展的想象。幻想是创造想象的特殊形式。

根据幻想的社会价值和有无实现可能性,可将幻想分为积极幻想和消极幻想。积极幻想是指符合事物发展规律,具有一定社会价值和实现可能性的幻想,又称理想。理想指向于未来,与展望将来发展的美好愿望和前景、激发信心和斗志、鼓舞人顽强克服内外困难相联系。消极幻想是指不符合或违背事物发展规律,毫无实现可能性的幻想,又称为空想或白日梦。空想是一种毫无意义的想象,常使人脱离现实,想入非非,逃避艰苦的劳动,以无益的想象代替实际行动。

第六节　思　维

一、思维概述

1.思维的定义

思维是指人脑借助于言语、表象或动作实现的,对客观事物概括的间接的反映。思维反映的是事物的本质特征和内在联系。

思维与感觉、知觉存在着根本区别。从反映内容看,感觉和知觉反映的是客观事物的个别属性、整体特征、表面现象及外部联系;思维反映的是客观事物共同的、本质的属性与特征及内在联系。从反映的形式来看,感觉和知觉属于感性认识,是人脑对客观事物外部特征的直接反映;思维属于理性认识,是对客观事物必然联系的间接反映。

思维的特征:

(1)概括性

思维的概括性是指能够抽取同类事物共同的、本质的特征以及事物之间的必然联系来反映客观事物。思维概括性具有两层含义:一是反映同类事物的共同特征;二是通过思维能把握事物的本质特征和内部联系,并将其推广到同类事物中去。

（2）间接性

思维的间接性是指思维对感官不能把握的,或不在面前的客观事物,借助一定媒介,通过概念、判断和推理形式的加工来反映事物。

2.思维的种类

（1）动作思维、形象思维和抽象逻辑思维

①动作思维,又称直觉行动思维,是指通过实际操作解决直观、具体问题的思维。

②形象思维,是指凭借事物的具体形象解决问题的思维,它往往是通过对表象的联想与推理来进行的。

③抽象思维,是指以抽象的概念、判断、推理的形式来反映客观事物的本质特征和内在联系的思维。

（2）聚合思维和发散思维

①聚合思维,是指从已有的信息出发,根据自己熟悉的知识经验,遵循逻辑规则获得问题最佳的单一答案的思维。

②发散思维,是指从已有的信息出发,沿着不同方向探索思考,通过重新组织记忆中的知识经验,产生两种或两种以上多样性答案的思维。

（3）常规思维和创造思维

①常规思维,又称再造思维,是运用自己已有的知识经验,按现成的方案和程序,运用惯常方法、固定模式直接解决问题的思维。

②创造思维,是指重新组织个体已有的知识经验,提出新方案或新程序,以新颖、独特的方式,创造出符合社会价值的、新的思维成果的思维。

3.思维过程

（1）分析与综合

分析,是指在思想上把客观事物的整体分解为各个部分、各种特性的思维过程。

综合,是指在思想上把客观事物的各个部分、各种特性或个别联系与关系综合起来形成整体的思维过程。

分析与综合的思维过程相反但又紧密联系,是同一思维过程中不可分割的两个方面。

(2)比较与归类

比较,是指在思想上确定客观事物之间的异同及其关系的思维过程。比较分为对同类事物的比较和非同类事物的比较。

归类,是指在思想上根据客观事物的异同把它们区分为不同种类或类型的思维过程。

(3)抽象与概括

抽象,是指在思想上抽取出同类客观事物的本质特征,舍弃个别的、非本质特征的思维过程。

概括,是指在思想上把抽象出来的客观事物的共同的本质特征综合起来并推广到同类事物上去的思维过程。

(4)体系化与具体化

体系化,是指在思想上将知识的要素分门别类地构成有机的、层次分明的系统整体的思维过程。

具体化,是指在思想上把经抽象与概括化的一般原理应用到具体对象上去的思维过程。

分析与综合、比较与归类、抽象与概括、体系化与具体化的思维过程之间是紧密联系、相互作用的。遵循思维过程的规律是顺利完成任务、解决实际问题的心理基础。

二、概念的形成

1.概念概述

(1)概念的含义

概念是人脑反映客观事物本质特性的思维形式。概念包括内涵和外延两个方面。概念的内涵是指概念所反映的客观事物的共同的关键特征,是概念的本质或概念的含义。概念的外延是概念所包括的事物的总和,即概念适用的范围,是概念的量。概念内涵越大,它的外延就越小。

（2）概念的种类

①具体概念和抽象概念。具体概念,是指按照客观事物的外部特征或属性形成的概念。抽象概念,是指按照客观事物的本质特征或本质属性以及内在联系形成的概念。

②前科学概念和科学概念。前科学概念又称日常概念,是指在日常生活中通过人际交往的经验积累而形成的概念。科学概念是指经过假设和检验后逐渐形成的、反映客观事物本质特征及内在联系的概念。

2.概念的功能

（1）分类功能

概念的分类功能是指通过概念把当前认识的客观事物归到某一类别中,并在人脑中提取与该事物有关的知识与经验,从而迅速对其作出适当反应。

（2）推理功能

概念的推理功能是指通过概念对客观事物归类后,运用推理对当前事物或现象作出解释。

（3）联结功能

概念的联结功能是指对概念之间存在着的各种关系的认识,通过各种组合而形成更加复杂的概念或概念体系。

（4）系统功能

概念的系统功能是指直接利用某些或某个概念,进行有效学习或探索,或者利用概念体系进行思想和感情交流,并不断获取新的知识与经验。

三、创造性思维

1.创造性思维概述

（1）创造性思维的含义

创造性思维是指以新颖独特的方法解决问题,产生首创的、具有社会价值的思维成果。

（2）创造性思维的特征

①新颖性。新颖性是创造性思维最突出的特征。创造性思维不仅要遵循一般思维活动的规律，而且要另辟蹊径，超越甚至否定传统思维活动模式，提出前所未有的独特的思维成果。

②发散思维与集中思维的有机结合。发散思维是创造性思维的主要心理成分。发散性思维具有变通性、流畅性和独特性特征，可以打破原来思维活动模式，拓宽思路，产生新颖独特的观念和思想，发散思维不能离开集中思维而单独发挥作用，创造性思维要经过从发散思维到集中思维，再从集中思维到发散思维的多次循环才能完成。

③创造想象的积极参与。创造想象的积极参与是创造性思维的重要环节。创造性想象可以提供未知事物的新形象，从而使创造性思维成果具体化。

④灵感状态。灵感是指人在创造性活动过程中出现的认知飞跃的一种心理状态。在灵感状态下，注意力高度集中，大脑处于优势兴奋状态，可将全部精力投入到创造活动的对象上。

2.创造性思维的基本过程

（1）准备期

准备期分为一般性基础准备和为某种目标所做的准备，其目的是为发展创造性思维进行广博的知识与技能准备。

（2）酝酿期

酝酿期是指在积累一定知识经验的基础上，对问题和信息资料进行周密细致的探索和深刻的思考，力图找到解决问题的途径和方法。

（3）豁朗期

豁朗期是指对问题经过周密的长时间思考之后，无意中受到偶然事件的触发而突然产生新思想、新观念、新形象，使原来百思不得其解的问题迎刃而解。

（4）验证期

验证期是指对豁朗阶段出现的新思想、新观念进行验证、补充和修正，使其趋于完善，也是对整个创造过程的反思过程。

第七节　情绪和情感

一、情绪和情感概述

情绪和情感是指人对客观事物是否符合自身需要而产生的态度体验,是人脑对客观现实的主观反映,只是两者反映的内容和方式与认识过程不同。

1.情绪和情感的特点

①具有独特的主观体验。主观体验是情绪和情感最主要的组成成分,是个体对不同事物的自我感受与体验,它涉及人的认知活动以及对认知结果所进行的评价。

②具有明显的机体变化和生理唤醒状态。表情是明显的情绪和情感的外部表现形式,它通过面部肌肉、身体姿势和语音语调等方面的变化表现出来,在情绪和情感中具有独特的传递自身体验的作用。

③具有独特的生理机制。在情绪和情感活动过程中,不仅大脑皮层,而且大脑皮层下的丘脑、下丘脑、边缘系统和网状系统等部位都起着特定的作用。

2.情绪的功能

（1）适应功能

情绪是人适应环境、求得生存与发展的工具。情绪的根本含义在于适应社会环境,如愤怒的情绪是人的活动受到不断阻碍时引起的,如果这时能够调整心态并动员机体能量,就能够比较顺利地克服障碍。

（2）组织功能

人在知觉和记忆过程中对信息进行选择和加工,情绪则是对心理过程进行监督,是心理活动的组织者。

（3）信息功能

情绪是个人与他人相互影响的重要方式之一,通过表情来传递信息、交流思想并实现其信号功能。

（4）动机功能

人的需要是行为动机产生的基础和主要来源,积极的情绪状态会成为行为的积极推动力,而消极的情绪感则会成为消极的阻力。

3.情绪和情感的关系

（1）情绪和情感的区别

从需要角度看,情绪通常与个体的生理需要满足与否相联系,是人和动物所共有的。情感是人类所特有的心理活动,通常是与人的社会性需要相联系的复杂而又稳定的态度体验。

从发生角度看,情绪是个体随着情境的变化以及需要满足状况而发生相应的改变,受情境影响较大。情感是个体的内心体验和感受,是具有稳定性和深刻性的社会意义的心理体验。

从稳定性程度看,情绪具有情境性和短暂性的特点。情感则具有较大的稳定性和持久性,一经产生就趋于相对稳定,不受情境所左右。

从表现方式看,情绪具有明显的冲动性和外部表现,情绪一旦发生,强度一般较大,有时会无法控制。情感则以内蕴的形式存在或以内敛的方式加以流露,情感始终处于个体的意识调节支配下。

（2）情绪和情感的联系

情感离不开情绪,稳定的情感是在情绪的基础上形成的,同时又是通过情绪反应得以表达。情绪也离不开情感,情感的深度决定着情绪的表现强度,情感的性质决定了在一定情境下情绪表现的形式。

二、情绪情感的种类

1.基本情绪

（1）快乐

快乐是当达到所盼望的目的后紧张解除时人所产生的舒适感受与体验。

（2）愤怒

愤怒是当人在遭受攻击、威胁、羞辱等强烈刺激下,感到自己的愿望受到压抑、行动受到挫折、尊严受到伤害时所表现的极端情绪体验。

（3）悲哀

悲哀是人失去某种他所盼望的或追求的事物时所产生的主观体验。

（4）恐惧

恐惧是企图摆脱、逃避某种危险刺激或预期有害刺激时所产生的强烈情绪感受与体验。

2.情绪状态

情绪状态是指在某种事件或情境的影响下,在一定时间内产生的某种情绪,其中较典型的情绪状态有心境、激情和应激三种。

（1）心境

心境是一种较微弱、平静而持续的带有渲染作用的情绪状态。

（2）激情

激情是一种强烈的、短暂的、爆发式的情绪状态。激情往往是由对人有重大意义的事件引起的。激情状态的特点:爆发性、冲动性、短暂性、指向性和外显性(明显的外部表现)。

（3）应激

应激是个体在生理或心理上受到威胁时出现的非特异性的身心紧张状态,表现为出乎意料之外的紧张状况下所引起的情绪体验。一般分为三个阶段:惊觉阶段;阻抗阶段;衰竭阶段。应激的特点:超压性、超负荷性。

3.情感种类

（1）道德感

道德感是个体根据一定的社会道德规范与标准,评价自己和他人的思想、意图及行为时产生的内心体验。

（2）理智感

理智感是个体在对客观事物认知活动所得成就的评价过程中产生的情感体验,主要表现为智力活动中的感受。

（3）美感

美感是个体根据审美标准评价事物时的主观感受和获得理解的精神愉悦的体验。美感包括自然美感、社会美感和艺术美感。

第八节　意　志

一、意志概述

1.意志的含义

意志是指个人自觉地确定目的,并根据目的来支配和调节自己的行动,克服种种困难以实现预定目的的心理过程。意志是人类特有的心理现象,也是人的意识能动性的集中表现。

由意志支配的行动称为意志行动,它表现为人有目的、有计划地认识世界和改造世界的心理特性。意志对行为的调节主要体现在对行为的发动和制止两个方面。

2.意志的特征

(1)意志行动的自觉的目的性

自觉的目的性是人的意志行动的前提。

(2)意志行动以随意运动作为基础

随意运动是意志行动的基础,意志行动表现在人的随意运动中。随意运动是指在个体意识调节与支配下,具有一定目的方向性或习惯性的运动,其主要特征是受个体意识的调节与控制,具有明确的目的性。

(3)意志行动是与克服困难相联系的

克服困难是意志行动的核心。在现实生活中,有许多并非是意志行为,只有那些与克服困难相联系而产生的意志行动,才是意志行为的重要特征。

3.意志与认知、情绪和情感的关系

(1)意志过程与认识过程的相互关系

意志过程是以认识过程为前提的,离开了人的认识过程,意志过程就不可能

产生。

（2）意志过程与情绪情感过程的相互关系

情绪情感既可以成为意志行动的动力，也可以成为意志行动的阻力。当某种情绪和情感对人的活动起推动作用的时候，这种情绪和情感就会成为意志行动的动力。

二、意志行动过程

1.采取决定阶段

采取决定是意志行动的开始阶段，决定着意志行动的方向，以及意志行动的动因，这个过程包括动机冲突、确定目的、选择方法和制订计划等环节。

（1）动机冲突

勒温（K.Lewin，1890—1947）按趋避行为将动机冲突分为四大基本类型：

①双趋冲突，又称为接近—接近型冲突，指个体必须对同时出现的两个具有同等吸引力的目标进行选择时产生的难以取舍的心理冲突，即"鱼，我所欲也；熊掌，亦我所欲也"，但两者不可兼得时的内心冲突。

②双避冲突，又称回避—回避型冲突，指个体必须对同时出现的两个具有同样强度的负面目标进行选择时产生的心理冲突，这实际上是一种"左右为难""进退维谷"式的由于选择困难而使人困扰不安的心理冲突。

③趋避冲突，又称接近—回避型冲突，指个体对同一目标既想接近又想回避的两种相互矛盾的动机而产生的心理冲突。一个人对同一个目标同时产生两种对立的动机，好而趋之，恶而避之。趋避冲突在心理上引起的困惑比较严重，因为它会使人在较长时间内一直处于对立意向的矛盾状态中，并可能导致行动不断失误。

④多重趋避冲突，又称为多重接近—回避型冲突，指由于面对两个以上或多个既对个体具有吸引力又遭个体排斥的目标或情境所引起的心理冲突。如果几种目标的吸引力和排斥力差异较大，解决这种内心冲突就比较容易；如果几种目标的吸引力和排斥力比较接近，解决这种内心冲突就比较困难，需要用较长时间来考虑得失、权衡利弊。

（2）确定目的

确定目的在意志行动中非常重要。是否能够通过动机斗争而正确地树立行动目的，表现了一个人的意志力水平。

（3）选择方法

个体经过动机斗争、确定目的之后，就要解决如何实现目的，即解决怎样做、怎样实现目标的问题，这就需要根据主客观条件来选择达到目的的方式、方法，制订行动计划。

（4）制订行动计划

这一环节主要指个体根据已确定的行动目的和已选择的方法，制订行动的具体计划，包括行动的程序。

2.执行决定阶段

（1）根据既定方案积极组织行动，以实现目的

选择行动方法和策略是在目的确定之后由实现目的的愿望所推动的。

（2）克服困难或障碍，实现所作出的决定

克服困难实现所作出的决定是意志行动的关键环节，实现预定目标，标志着基本的意志行动过程的顺利完成。

三、意志品质

1.意志的自觉性

意志的自觉性是指个体在行动中具有明确的目的，能认识到行动的社会意义，并能够主动调节与支配自己的行动以服从于社会要求的意志品质。

与意志自觉性相反的意志品质是受暗示性和独断性。

2.意志的果断性

意志的果断性是指个体根据客观环境变化的状况，迅速而合理地采取决定，并实现所作决定的心理品质。

与果断性相反的意志品质是优柔寡断和草率决定。

3.意志的自制性

意志的自制性是指个体善于根据预定目的或既定要求,自觉地调节与控制自己的心理活动和行为表现的意志品质。

与自制性相反的意志品质是任性和怯懦。

4.意志的坚忍性

意志的坚忍性是指在实现预定目的的行动中,坚持不懈并能在行动时保持充沛精力和毅力的意志品质。

与坚忍性相反的意志品质是动摇性和顽固性。

第九节 动 机

一、动机概述

1.动机的含义

动机是指激发和维持个体的行动,并使行动朝向一定目标的心理倾向或内部动力。

2.动机产生的条件

引起动机的内在条件是人的需要。动机在需要的基础上产生。某种需要得不到满足,就会推动人去寻找满足需要的对象,从而产生个体的活动与行为动机。

引起动机的外在条件是诱因。诱因是驱使个体产生一定行为的外在条件,它分为正诱因和负诱因。凡是个体因趋向或接受它而得到满足的诱因称为正诱因;凡是个体因逃离或躲避它而得到满足的诱因称为负诱因。

3.动机的功能

（1）激发功能

动机是个体能动性的主要方面,能激发个体产生某种行为,即动机的激发功能。

（2）指向功能

如果说动机的激发功能如同导火索,那么,动机的指向功能就好比指南针,它使活动具有一定的方向,并使个体朝着预定的目标前进。

（3）激励功能

当动机激发并指引个体产生某种活动后,活动能否坚持同样受到动机的调节与支配。动机对活动的维持和加强作用,就是动机的激励功能。

二、需要

1.需要的含义

需要是指人脑对生理需求和社会需求的反映,是个体内部的某种缺乏或不平衡状态,体现了个体在生存和发展过程中对客观事物与条件的依赖性,是个体活动积极性的源泉。

2.马斯洛的需求层次理论

人本主义心理学家马斯洛(A. H. Maslow, 1908—1970)将人类需求从低到高确定为五个层次。

第一层次:生理需要,是个体维持生存的需求,包括食物、水、睡眠、空气和性,它们是个体维持生命的基本需要,也是人类最重要、最具力量、最为迫切的需要。

第二层次:安全需要,是个体对组织、秩序、安全感和预见的需要,它们是在生理需要得到相对满足后产生的需要,包括稳定、受到保护、远离恐惧和混乱、免除焦虑等,尤其是对纪律和秩序等的需要。

第三层次:归属与爱的需要,是个体渴望与人建立充满感情的关系,并在群体和家庭中拥有一定地位的需要,如爱情、朋友、社团活动、参与团体事务等。

第四层次:尊重需要,是个体基于自我评价产生的自重、自爱和期望受到他人、群体和社会认可等的需要。尊重需要分为两种基本类型,自尊的需要和受到他人与群体尊重的需要。

第五层次:自我实现的需要,是个体的才能和潜能在适宜的社会环境中得到充分发挥,实现个人的理想和抱负,并达到充分发展和人格和谐状况,表现为人努力实现自己的能力和潜能。

马斯洛认为,在个体发展过程中,各层次需要的发展与发育发展紧密相连。婴儿期有生理需要和安全需要,但在青少年和青年初期,归属与爱的需要和尊重的需要占优势,青年中、晚期之后,自我实现的需要则占主导地位。

第十节　能　力

一、能力概述

1.能力的含义

能力是一个人能够顺利完成某种活动并直接影响活动效率的个性心理特征。能力与活动紧密联系,人的能力是在活动中形成、发展和表现出来的。

能力包括两个含义:一是指实际能力,即目前表现出来的能力。二是指潜在能力,是目前尚未表现,但通过学习或训练后可能发展的能力或可能达到的某种熟练程度。

2.才能与天才

人要顺利完成某种活动,必须综合多种能力才能实现。多种相关能力的有机结合或完备结合称为才能。

天才是才能的高度发展,是多种能力最完备的结合,表现为某人能够独立、创造性地完成某些活动。

二、能力和知识与技能的关系

1.能力和知识与技能的区别

（1）能力和知识与技能属于不同范畴

能力是顺利完成某种活动必需的个性心理特征，属于个性心理特征范畴。知识是人类社会历史经验的总结与概括，是人对客观事物和现象的特征、联系与关系的反映。技能是在获得知识的基础上，所运用的某种活动方式。

（2）能力和知识与技能具有不同的概括水平

能力是对人的认知活动与行为方式较高水平的概括；知识是对客观事物或现象的本质属性、内在联系与相互关系的抽象概括和体系化；技能是对动作方式或操作程序的具体概括。

（3）能力和知识与技能的发展水平不同步

相对来说，知识获得要快些，技能需要有练习过程，能力的形成与发展比知识和技能的掌握要晚。

2.能力和知识与技能的相互联系

能力既是获得和掌握知识与技能的前提，又是获得和掌握知识与技能的结果。技能是知识转化为能力的中间环节；知识掌握要以能力为前提，能力是掌握知识的内在条件和可能性。同时，知识和能力又是掌握技能的前提，它们制约着技能形成与掌握的快慢、深浅、难易、灵活性和巩固程度。

三、能力种类

1.一般能力和特殊能力

（1）一般能力

一般能力是指人从事各种活动中共同需要，适用于广泛的活动范围，并符合多种活动要求，能有效地获得知识与掌握技能的认知能力。例如，观察能力、注意能力、记忆能力、想象能力、思维能力等，这些能力的综合表现称为智力。

（2）特殊能力

特殊能力又称专门能力，是指人为完成某种专门活动必需的能力，它是在专门领域内必需的能力。

2.认知能力、操作能力和社交能力

（1）认知能力

认知能力是指人接收、加工、存储和应用信息的能力，是人得以顺利完成各项活动任务的最重要心理条件。

（2）操作能力

操作能力是指器械操纵、工具制作、身体运动等方面的能力。劳动、艺术表现、体育运动和仪器操作等都是操作能力。

（3）社交能力

社交能力是指人运用适当交往技巧增进与他人心理关系的能力。社交能力是在交往活动中表现出来的，言语感染力、沟通能力以及交际能力等都是社交能力。

3.模仿能力和创造能力

（1）模仿能力

模仿能力是指通过观察别人的行为和活动来仿效他人的言行举止，然后以相同方式言行的能力。

（2）创造能力

创造能力是指人不受成规的束缚而能够灵活运用知识经验，产生、发现或创造出具有社会价值、独特新思想和新事物的能力。

创造能力具有三个基本特征：一是独特性；二是变通性；三是流畅性。

四、智力测验

1.一般智力测验

（1）比奈-西蒙的智力测验

1905年，法国心理学家比奈（A.Brinet，1857—1911）和法国医生西蒙编制了比奈-西蒙智力量表。1916年，美国心理学家斯坦福大学教授推孟（L.M.Terman，

1877—1956),修订后编制了斯坦福-比奈智力量表。后来心理学用智力商数,即智商(Intelligence Quotient,IQ)或 IQ 的概念的数量化来对智力进行标准化的测量,它以智力年龄(Mental Age,MA)与实际年龄(Chronological Age,CA)的比率来表示智力测量的结果。计算智商的公式为

$$智商(IQ) = 智力年龄(MA) \div 实际年龄(CA) \times 100$$

(2)韦克斯勒智力测验

美国心理学家韦克斯勒(D.Wechsler,1896—1981)创制了韦氏学前儿童智力量表(WPPSI-R),适用于 4~6 岁半的儿童;韦氏儿童智力量表(WISC-Ⅲ),适用于 6~16 岁儿童;韦氏成人智力量表(WISC-R),适用于 17 岁以上的成人。在 WISC-R 中都有语词测验和操作测验。

韦克斯勒假设,人们的智商呈平均数为 100、标准差为 15 的正态分布,这样离差智商的计算公式为

$$IQ = 100 + 15Z$$
$$Z = (X - \overline{X})/S$$

其中 Z 是标准分数,X 代表个体在智力测验上的得分,$\overline{X}$ 代表团体平均分数,S 代表团体分数的标准差。

2.特殊能力测验和创造力测验

(1)特殊能力测验

特殊能力测验是对特殊职业活动能力的测量,例如,对音乐能力的测量有音高、音强、时间、节奏、记忆、和谐等。

(2)创造力测验

创造力测验是用于测量人的创造能力的测验,是能力测验的一种,通常是以发散性思维为指标。

创造力测验一般分为语言式和绘画式两种类型,常从思维的流畅性、灵活性、变通性、独创性、精致性等方面进行评定。

第十一节 气 质

一、气质概述

1.气质的含义

气质是指一个人典型和稳定的心理活动的动力特征,它不以人的活动目的和内容为转移。

气质的心理活动的动力特征表现为心理活动发生的强度(如情绪的强弱、意志努力的程度等)、心理活动的速度和稳定性(如知觉的速度、思维的灵活程度、注意集中时间的长短等)以及心理活动的指向性(如心理活动指向外部现实还是指向内心世界)等方面的特征。气质的这些动力特点,并不是推动人进行活动的心理原因,也不以人活动的内容、目的和动机为转移,更不决定其活动的具体方向,而是一种稳定的心理活动特征。

2.气质的特性

(1)气质的感受性

气质的感受性是指人对外界最小刺激量的感觉能力,通常用绝对感觉阈限和差别感觉阈限进行定量分析。

(2)气质的耐受性

气质的耐受性是指人在接受体内、外刺激作用时,表现在时间和强度上可以经受的能力。

气质的耐受性是高级神经活动过程强度特性的反映,主要表现为长时间从事某项活动时注意力集中的持续状态,包括对强烈或微弱刺激的耐受性,以及持久的思维活动等方面的特性。

(3)气质的反应敏捷性

气质的反应敏捷性包括两类特性:一类是指随意反应性和速度,例如,随意动作速度、言语速度、记忆速度、思维敏捷程度和注意转移的灵活程度等。另一类是指不随意反应性,例如,不随意注意的指向性,不随意运动反应的指向性等。

（4）气质的可塑性

气质的可塑性是指根据外界事物的变化而随之改变与调整自己行为以适应外界环境的难易程度。气质的可塑性是高级神经系统灵活性的表现。一般来说,能够根据外界环境的变化及时调整自己的思想和行为的人,其可塑性较高,反之则较低。

（5）气质的情绪兴奋性

气质的情绪兴奋性是指以不同速度对微弱刺激产生情绪反应的特性。气质的情绪兴奋性不仅指情绪兴奋的强度,还指对情绪抑制能力的强弱。

（6）气质的内向性与外向性

气质的内向与外向性是指人的心理活动、言语与行为反应表现于内部还是外部的特性。倾向于外部的称为外向性,倾向于内部的称为内向性。

二、气质类型

1.胆汁质

胆汁质气质类型的人,表现为精力旺盛,反应迅速,情感体验强烈,情绪发生快而强,易冲动,但平息也快。直率爽快,开朗热情,外向,但急躁易怒。

2.多血质

多血质气质类型的人活泼好动,反应迅速,思维敏捷、灵活而易动感情,富有朝气,情绪发生快而多变,表情丰富,但情感体验不深。

3.黏液质

黏液质气质类型的人安静、沉着、稳重、反应较慢;思维、言语及行动迟缓、不灵活;注意比较稳定且不易转移。

4.抑郁质

抑郁质气质类型的人感受性高,对刺激敏感,观察仔细,善于观察到别人不易察觉的细微小事,反应缓慢,动作迟钝;多愁善感,体验深刻和持久,但外表很少流露。

需要指出的是,在现实生活中,具有典型单一气质类型的人是很少的,绝大多数人属于中间型或混合型。

第十二节 性 格

一、性格概述

1.性格的含义

性格是指一个人的稳定态度及习惯化了的行为方式的心理特征,它是人格结构中的重要组成部分,是个人有关社会规范、伦理道德方面的各种习性的总称。因此,人对现实的稳定态度决定着他的行为方式,而习惯化了的行为方式体现了个体对现实的态度,两者有机地统一在个体的心理特征之中。

2.性格的结构

(1)性格的态度特征

性格的态度特征在性格结构诸成分中具有核心意义,是性格结构中的"灵魂",其他性格特征在不同程度上都受其影响。

性格的态度特征包括:①对社会、集体、他人的态度特征。②对劳动、工作和学习的态度特征。③对自己的态度特征。性格的态度特征包含了积极和消极两个方面。

(2)性格的意志特征

性格的意志特征是指人在自觉调节行为的方式与控制水平、目标明确程度以及在处理紧急情况方面表现出来的性格差异。

性格的意志特征主要表现在以下三个方面:①行动是否具有明确目的,是否受社会规范约束。②对行为的自觉控制能力。③在紧急或困难条件下处理问题的特点。

（3）性格的情绪特征

性格的情绪特征是指人在情绪活动中表现出来的强度、稳定性、持久性以及主导心境等方面的特征。性格的情绪特征表现在以下四个方面：①在情绪的强度方面，表现为情绪的感染力、支配性和受意志控制的程度；②在情绪的稳定性方面，表现为情绪起伏和波动；③在情绪的持久性方面，表现为情绪对个体身心方面影响的时间长短，有人情绪发生后，很难较快平息，有人情绪发生时，来势汹汹但会转眼即逝；④在情绪的主导心境方面，即不同主导心境在个体身上的影响作用，它反映了不同的性格特征。

（4）性格的理智特征

性格的理智特征是指人在感知、记忆和思维等认知活动过程中表现出来的性格特征。在感知方面存在着主动观察型和被动观察型、分析罗列型和概括型、严谨型和草率型等。在记忆方面存在着主动记忆型和被动记忆型、信心记忆型和无信心记忆型等。在想象方面存在着主动想象型和被动想象型、大胆想象型和抑制想象型、广阔想象型和狭窄想象型等。在思维方面存在着独创型和守旧型、深思型和粗浅型、灵活型和呆板型等。

3.性格与气质的关系

（1）性格与气质的区别

气质具有先天性特点，它更多地受到人的高级神经活动类型的影响，主要是在人的情绪与行为活动中表现出来的动力特征。性格是指个体行为的内容，是在后天形成的，更多的是受到社会生活条件的影响与制约，是人的态度体系和行为方式相结合而表现出来的、具有核心意义的心理特征。

气质无好坏之分，而性格有优劣之别。气质表现的范围狭窄，局限于心理活动的强度、速度、指向性等。因此，可塑性极小，变化慢。性格表现的范围广泛，囊括了人的社会生活各个方面，具有社会道德含义，可塑性大。

（2）性格与气质的联系

不同气质类型的人，可以形成某些相同的性格特征，如爱国、勤奋、乐于助人等性格特征。不同气质类型的人，在行为表现上带有不同的个人色彩。气质可以影响性格形成与发展的速度。

性格对气质具有明显影响。在一定程度上，性格可以掩盖和改造气质，由于个体的社会角色所要求,因此,性格会对个体身上某些气质特征产生持续影响。

二、性格测量

1.综合评定法

综合评定法是指把观察、谈话、作品分析等多种方法结合起来用于评定性格的方法。

2.问卷测验法

问卷测验法是指对被试者进行询问的标准化方法,是目前性格测验中常用的研究方法。问卷测验法一般是让被试者按一定要求依次回答问卷中的测验题目,然后根据标准答案和测验分数来推知其性格类型和性格特征。

目前国内外较为常用的性格测验问卷量表有:明尼苏达多项人格测验(MMPI)、卡特尔16种人格因素问卷(16PF)、艾森克人格问卷和投射测验等。

⁇ 思考题

1.心理学的主要流派及主要观点。

2.注意的含义、特征及功能。

3.感受性与感觉阈限之间的关系。

4.知觉与感觉的关系。

5.记忆的含义、环节及其相互关系。

6.短时记忆的含义、特点及其储存。

7.创造性想象及其基本特点。

8.思维和感知觉的区别与联系。

9.概念的种类及其基本功能。

10.问题的含义及影响问题解决的因素。

11.情绪和情感的区别与联系。

12.意志与认知、情绪和情感的关系。

13.动机冲突的形式。

14.马斯洛的需求层次理论。

15.能力与知识、技能的区别与联系。

16.人格与个性的含义。

17.性格的结构。

18.性格与气质的关系。

19.气质的高级神经活动类型理论。

本章参考文献

[1] 理查德·格里格,菲利普·津巴多. 心理学与生活[M].王垒,王甦,译.19 版.北京:人民邮电出版社,2014.

[2] 库恩. 心理学导论——思想与行为的认识之路[M].郑刚,等,译.13 版.北京:中国轻工业出版社,2014.

[3] 梁宁建. 心理学导论[M].上海:上海教育出版社,2011.

[4] 梁宁建. 基础心理学[M]. 2 版.北京:高等教育出版社,2011.

[5] 菲利普·津巴多,罗伯特·约翰逊,薇薇安·麦卡恩.津巴多普通心理学[M].钱静,黄钰苹,译.7 版.北京:中国人民大学出版社,2016.

[6] R.S.费尔德曼. 心理学与你的生活[M].梁宁建,译.2 版.北京:机械工业出版社,2016.

[7] C.S.卡弗,M.F.沙伊尔. 人格心理学[M].梁宁建,等,译.5 版.上海:上海人民出版社,2011.

第二章
社会心理与人际关系

第一节 社会心理概述

一、社会心理的研究对象

公元前 328 年,亚里士多德在《政治学》中提到,"从本质上讲,人是一种社会性动物;那些生来离群索居的个体,要么不值得我们关注,要么不是人类。社会从本质上看是先于个体而存在的"。作为社会性动物,人是离不开社会和群体的,错综复杂的社会生活,成就了形形色色的社会现象。

1908 年,英国心理学家麦独孤(William McDougall,1871—1938)与美国社会学家罗斯(E.A.Ross,1866—1951)分别出版了以社会心理学命名的著作,标志着社会心理学作为一门独立学科的诞生,迄今已有约 110 年的历史,社会心理学逐渐发展出三种不同的取向:第一种是社会学取向,主要侧重于对社会层面的群体内部互动方面的研究;第二种是心理学取向,主要侧重于对社会情境中的个体心理和人格方面的研究;第三种是文化人类学取向,主要侧重于通过对不同文化的比较来揭示文化对社会心理形成的影响。

社会心理学是现代心理学的支柱之一,与人格心理学、实验心理学和认知心理学等其他分支学科共同构成了心理学的基本框架。

1.社会心理学的定义

定义是对一门学科的科学界定,蕴含着该学科的研究对象和学科性质,也反映了该学科研究的深度和广度。早期很多学者认为,每个个体都会受到社会或他人的影响,因此社会心理学的核心应该是社会影响,社会心理学家感兴趣的是了解社会环境为什么,是怎样塑造个体的思想、情感和行为的。美国心理学家奥尔波特(Gordon W.Allport,1897—1967)提出的定义受到广泛传播,即社会心理学以个体的社会行为和社会意识为对象,旨在探讨人们的思想、情感以及行为如何因他人真实的、想象的或隐含的存在而受到影响的科学(1985)。

近年来,越来越多的社会心理学家关注到了人际间的相互作用和社会认知范畴,比如,泰勒(2004)认为,社会心理学是研究人们如何认识他人、影响他人,以及与他人关系的一门科学。迈尔斯(2006)认为,社会心理学是研究人们相互理解、相互影响和相互关系的科学。这两个定义都不约而同地提到了三个关键词:看待他人、影响他人、与他人的关系。这预示着当前社会心理学的研究框架发生了变化,社会心理学不仅关注我们如何受到他人的影响,也关注我们如何看待其他人的想法所带来的影响。比如,推测他人对我们的评价,想象他人怎么回应我们的行为,并据此对自己的行为作出调整。

由此,社会心理学的研究内容可分为三个部分:社会思维(Social Thinking),探讨人们如何知觉自我和他人,人们的信念、判断和态度是如何形成和改变的;社会影响(Social Influence),探讨环境、文化和团体的压力以及对个体的影响;社会关系(Social Relations),探讨个体如何与他人互动,包括社会行为和人际关系,如侵犯、利他、友谊、爱情等。

2.社会心理学的特点

作为社会学和心理学的交叉学科,社会心理学聚焦于探讨个人与社会之间的相互作用,既重视个体的内在心理因素,也重视社会情境对个体的影响,概括起来,具有以下特点:

第一,重视社会情境对个体的影响;

社会心理学家们普遍认为,不可低估环境对人的塑造作用。1971年,菲利普·津巴多(Phillp G.Zimbardo,1933—)在斯坦福大学心理系地下室开展了模拟监狱实验,招募自愿参加的大学生扮演监狱警卫和囚犯。研究发现,仅仅过了六天,多数被试已经不能清晰地区分出所扮演的角色和自我,几乎变成了真实的"囚犯"或"看守"。实验证明,有时候社会对个体的影响是通过群体来实现的,在这个过程中群体会成为影响的放大器。

第二,关注个体在情境中的作用;

个体并不是完全被动地承受着情境的影响,他们在情境中也会通过自我保护、自我评价和自我改变等方式来应对这些影响。换言之,个体是情境中的个体,个体也会积极选择情境。不同的个体在面对同样的环境时,他们所受的影响会大相径庭。早年的不幸遭遇和糟糕的家庭环境,让杰弗里·达默变成了臭名昭著的连环杀手,但也让爱丽丝·沃克成为著名的小说家。

第三,强调认知倾向;

虽然人类学和社会学等其他学科也同样关心人们如何受到社会环境的影响,但是社会心理学有自己的独到之处。社会心理学主要关心的不是客观的社会环境,而是人们如何受他们对社会环境的诠释或解读的影响。因为人们的社会行为并不仅仅取决于客观情境,还取决于我们如何对其进行主观建构,了解人们如何知觉、理解或解释社会环境比了解客观社会环境本身更为重要。

第四,强调应用倾向;

社会心理学家对人类的社会行为非常着迷,并且想要在尽可能深的层次上了解它,并找出解决社会问题的方法,重视研究成果在实践中的运用。与其他学科相比,社会心理学是一门具有强大生命力的学科,其生命力来自他们对现实的社会行为和问题的研究,社会心理学上的真知灼见已经被应用到当代社会的各种现实性的问题上,如偏见、能源短缺、不健康习惯、校园暴力等。

第五,善于追踪时代的热点问题;

社会心理学的百年进程可以大致分为四个时期:新学科的出现(1908—1924);青春期的飞速发展(1930—1969);整合与反思(1970—1989);社会心理学的复兴(1990—至今)。社会心理学家们善于追踪不同时代的热点问题,从20世纪40年代对偏见的研究、50年代对服从和同一性的探索、60年代对暴力和犯罪的关注,到70年代,随着女权运动的兴起,性别差异成为新的焦点,80年代关注竞争,90年代关注多元文化、合作和亲密关系等范畴。

近年来,社会心理学领域的研究表现出更明显的生态倾向和综合倾向,新思路主要体现在三个方面:①文化心理学注重通过开展跨文化的研究,探讨文化如何塑造人们的思想、感觉和行为。②进化心理学试图用基因的观点来解释社会行为,认为社会行为是由符合自然选择规律的基因所决定的。③社会神经科学对生物机制和社会行为之间的关系越来越感兴趣,热衷于探讨荷尔蒙和行为的关系,以及对人类大脑神经机制的研究。

二、社会心理的研究原则和类型

人类的社会行为和心理是非常复杂的,经验常识只能作为有限的参考,只有通过系统的科学研究,才能获得真正有价值的结论。与常识不同,社会心理学是一门科学,其研究过程和方法都遵循科学标准。

1.研究原则

社会心理学的研究需要遵循以下两个主要原则：

第一，客观性原则。抛弃先定观念，以事实为依据进行假设、推论和解释，结论须谨慎，可被再证实。在研究过程中需要预防实验中的主观偏向，比如主试的期待效应、现场控制的主观性、实验者效应、反应的社会赞许倾向等，禁止学术造假行为。在客观性方面，目前有三个解决方案：单盲设计、双盲设计、标准化处理。

第二，伦理性原则。实验设计中的伦理问题包括：对被试的实验性欺骗；侵犯被试的隐私；给被试造成实验性痛苦。目前的解决方案有：自愿原则，被试在研究过程中自愿参加，自由终止；风险最小原则，研究者设计的实验情境接近真实生活，对被试的个人资料严格保密；利益得失平衡原则，一旦发现研究对被试产生了不良影响，研究者要积极进行充足补救。

2.社会心理学的研究类型

社会心理学只是我们看待和了解自我和世界的重要视角，包括四种解释分析水平：个体内水平，探讨个人特质及其对社会现实的知觉和思考方式；个体间水平，探讨个体之间是如何相互影响和互动的；群体间水平，探讨人们的群体身份是如何影响其行为的；社会水平，探讨共享的文化规则和观念的影响。

社会心理学的研究类型主要包括以下三种：

（1）描述性研究

描述性研究通常采用观察法，通过系统观察和记录人类行为，对一定的社会心理现象或行为进行科学客观的精确描述。目前，现场观察中引入了越来越多的新技术，如录音笔、录像机、数码相机、计算机分析等。

（2）相关研究

相关研究是考察两个或更多变量之间的相互关系，以揭示一个变量是否受其他变量的影响。在相关研究中，社会心理学家并不去试图改变某些因素，而只是观察研究对象自然发生的变化，并研究这种变化是否和其他因素的变化有关。需要注意的是，在两种因素的关系中可能有第三种因素在发挥作用。如城市流动人口越多，犯罪率越高，这两个因素都与经济水平有关。

(3)验证性研究

验证性研究是通过有计划地控制一定的情境,来确定不同变量之间的因果关系。研究者将被试随机分配到实验条件中去,并确保不同实验条件只有自变量水平不同,进而来验证假设。假说和理论的形成可以依据多种途径,如大量阅读文献,从过去的理论和研究成果中获得灵感;通过生活观察,也可以个人观察为依据建立假说。

第二节　社会认知

社会认知就是人们如何看待自己和社会世界,更明确地说,就是人们如何选择、诠释、记忆和使用社会信息来作出判断和决定。从信息加工的角度来看,社会认知是个人从社会环境中获取信息,并对他人或自己的内在心理状态、行为动机和行为意向作出推测与判断的过程。这个过程包含三个步骤:社会知觉,收集他人的信息;印象形成,将信息进行整合,形成对他人的判断;行为归因,推断他人行为背后的原因。

一、社会知觉

社会知觉是个体通过人际交往,根据认知对象的外在特征来推测与判断其情绪、态度、品质、能力、性格等内在属性的过程。

1.社会知觉的途径

从认知者的角度来看,社会知觉的途径可以分为视觉途径和听觉途径。视觉途径包括面部表情、身段表情、人际距离(空间线索)。听觉途径包括语言、言语表情。言语表情也称为副语言,主要指说话的音调、速度、节奏等。

面部表情是一种重要的社会知觉途径,由面部表达出来的基本情绪具有普遍性,即所有人都用同样的方式表达他们的情绪或加以编码,其他人可以准确地诠释这些情绪或加以解码。因此,面部表情能够用来交流情绪状态,对进化中的物种具有维护生存的价值。

研究者发现,不仅愤怒、快乐、恐惧、惊讶、悲伤和厌恶等基本情绪的表达具有跨文化一致性,而且焦虑、轻蔑、羞耻、骄傲等社会情绪的表达也具有跨文化的一致性,但也有一些情绪的表达存在着文化差异,如困窘。

2.影响社会知觉准确性的因素

社会知觉比一般知觉更容易产生偏差,影响社会知觉准确性的因素主要有三大类:

第一类,主观因素。其包括知觉者的过去经验、价值取向、情绪状态等。1957年,美国学者巴克拜以西班牙人和美国人为被试,利用立体镜给被试双眼呈现不同的幻灯片,一边展示斗牛图,一边呈现棒球比赛图。尽管所有被试左右两眼都同时看到两种不同图景,但84%的美国人说看到棒球比赛,而70%的西班牙人说看到斗牛情景。这一结果说明,个体的过去经验会影响他们对知觉对象的选择,人们更倾向于看到自己所熟悉的事物。

此外,人们的价值取向也会影响社会知觉,瓦伦、罗斯和莱柏等人发现了敌意媒体效应,选择性知觉可能导致每一立场的人都认为,大众媒体就某一事件的报道是偏向于对方立场的。在一起观看有关贝鲁特大屠杀的一组电视新闻报道片段之后,绝大多数支持阿拉伯的学生认为,针对以色列的评价中,有42%是有利的,只有26%是不利的;支持以色列的学生却认为,针对以色列的评价中,有57%是不利的,只有16%是有利的。

第二类,客观因素。知觉对象的特点会误导知觉者形成错误判断,威尔逊曾经让同一位男性给几组学生讲课,讲课的内容和方式不变,只是在不同组学生面前被介绍的身份不同,如在甲组被介绍为教授,在乙组被介绍为高级讲师,在丙组被介绍为普通讲师,在丁组被介绍为示范教学者,在最后一组被介绍为大学生。课后要求每组学生都来估计一下讲课者的身高。结果发现,讲课者的估计身高竟因其声望地位而不同,教授比学生平均高出两寸半,差异显著。

第三类,文化差异。有研究者发现社会知觉中存在文化差异,不同的文化价值观会影响人们对外部信息的觉察和注意。如在解码他人的表情时,整体性思维者倾向于关注"整个画面",即主体和背景,以及两者之间的关系;而分析性思维者更多地注意主体而非背景。这一差异已经得到了社会神经科学的证据支持,美国被试在被要求注意观察盒子时,高阶控制的脑皮层包括额叶和顶叶格外活跃,而东亚被试在被要求忽视盒子时,同一个脑区格外活跃。

二、印象形成

1.印象形成的概念

　　所谓印象形成就是把一个人的若干有意义的特征加以综合、概括,形成一个具有结论意义的特性,从刻板的、以类别为基础的印象到根据特定行为的信息而形成的更加个人化的印象。印象形成的过程可以分为两个阶段:①类别化阶段。该阶段主要是快速地加工信息,判断个体属于哪种类别或具有何突出特质。②个人化阶段。该阶段主要是精确地加工信息,从而形成更细致、更系统的综合印象。

　　在印象形成的过程中,人的长相、穿戴、身体姿势等可以提供判断的线索,但实际上,这些线索本身并无意义,它们是根据知觉者记忆中所储存的有关人、行为、特质的知识来解释的。

2.印象形成的特点

　　在印象形成过程中,人们进行信息加工整合时通常表现出以下一些特点:

　　第一,不同特征在印象形成中所起的作用是不同的。有些特征对印象形成起着重要作用,如“热情”“冷淡”等,这些特征被称为“中心特征”;而另外一些特征对印象形成不起核心作用,如“文雅”“粗鲁”等,被称为“边缘特征”。不同文化中的中心特征与边缘特征并不完全相同。

　　第二,信息出现的先后对印象形成的作用是不同的。在印象形成过程中存在着首因效应和近因效应,首因效应是指人们比较重视最先得到的信息,据此对他人作出判断;近因效应是指最新得到的信息对他人的印象形成起较强作用的现象。这两种效应并不矛盾,当两个信息连续呈现的时候,最先出现的信息往往会起到定向引导的作用,影响人们对出现的信息的解读,首因效应就会发挥作用;如果两个信息出现的时间存在着较长的间隔,近因效应就会发挥作用。

　　第三,人们倾向于把有关的特质联系起来形成对他人较一致的认识。随着生活经验的积累,人们认识到有些特质之间存在着密切的联系。如冒险和冲动、聪明和友好往往被联系在一起。当我们认为某人具有某种特征时,就会推断他也具有其他相似的或相互关联的特征,这种倾向被称为晕轮效应。美国社会心理学家戴恩(1972)曾做过一个实验,他分别向被试出示长相漂亮、一般和较丑的人的照片,要求他们评价照片上人的婚姻角色、做父母的能力等,结果发现,长相漂亮的人,几乎在所有特性上都被评价得最高。

第四,人们比较重视负性信息,但却倾向于对他人作正性评价。这种倾向也被称为宽大效应或仁慈效应,其原因可能是人们希望自己周围都是好人好事,这样自己会感觉舒服些。在大多数文化中,正性词汇比负性词更常见;人们通过对他人的宽容来显示自己的大度与仁慈。

第五,在印象形成后,人们往往会产生与印象一致的行为。这一现象也被称为自我实现的预言,即我们对他人形成一定的印象之后,就会对他人产生相应的期望,而此期望又引导我们采取相应的行为以证实此期望。罗森塔尔(1968)等人的一项经典研究证明了教师的期望对学生的成绩具有显著影响。

第六,人们往往对某个群体持有一定的刻板印象。社会刻板印象是指人们对一个社会群体形成的固定不变的印象,包含正性特征和负性特征。刻板印象既可能是正确的,也可能是不正确的,但因没有合适的效标,大多无法测量与验证。通常,一部分刻板印象来自个人的经验,另一部分是从父母、老师、同学、课本及大众媒体习得。

三、行为归因

人们通常都希望自己对这个世界有一定的控制力与预测力,这样人们才会感到安全,为满足这种控制需要,人们会对发生的行为与事件的原因进行推断。归因就是人们从可能导致自己及他人行为发生的各种因素中,认定行为的原因并判断其性质的过程。

1.归因理论

1958 年,作为归因理论的开创者,海德(F.Heider,1896—1988)提出,每个人都是朴素的心理学家,在对事件进行归因时,特质归因者倾向于将事件归为个体自身的原因,如人格、品质、动机、态度、情绪、能力、努力等;情境归因者倾向于将事件归为个体之外的原因,如环境因素、运气、任务难度、他人帮忙等。

其后,归因领域出现了两种不同的理论:归因过程论和归因效果论。前者出现在 20 世纪 60—70 年代,主要探讨人们是如何进行归因的,以凯利(H.H.Kelley,

1921—2003）为代表；后者出现在 20 世纪 70—80 年代，主要关注不同风格的归因对个体后续的认知、情感和行为产生的影响，以韦纳（B. Weiner, 1935—　　）为代表。

凯利提出了三度理论，他认为，行为的归因通常涉及三方面的因素：行动者、刺激物和情境。要找出行为的归因，个体主要使用三种信息：一致性信息，也称为共同性信息，即行动者的行为是否与其他人在这种情况下的行为相一致；一贯性信息，即行动者的行为在其他场合是否也发生；特异性信息，也称为区别性信息，即行动者对其他对象是否也以同样的方式作出反应。当一致性、一贯性和特异性都高时，人们倾向将原因归于刺激物；当一致性和特异性都低，且一贯性高时，人们倾向于将原因归于行动者自身；当一致性和一贯性都低，而特异性高时，人们倾向于将原因归于情境。

韦纳提出了成就归因模型，该模型认为，人们用于解释成败的原因可用三个维度加以分类与描述：内-外因、稳定-不稳定、可控制性。如能力和努力都属于内因，能力是相对稳定和不可控的，努力是不稳定的和可控的。当一个人把成功归于内在的、稳定的能力时，就会增强自信心，提高自我效能感，产生更高的成就动机；当一个人把失败归于能力时，就会消沉、自卑，造成动机缺失，产生习得性无助。如果将成功和失败都归于努力因素，既可以因成功而增加自信，也可以避免因失败而产生的对能力的质疑或否定，将对个体后继的心理和行为产生更积极的影响。

2.归因偏差

归因偏差是指认知者系统地歪曲了某些本来正确的信息。在归因过程中，人们产生的归因偏差主要包含以下几种：

第一，基本归因错误，又叫对应偏差，即人们倾向于把行动者本身看作是其行为的起因，而忽视外在因素可能产生的影响。这一偏差产生的原因：一方面源于人们有一种应该对自己的行动负责的信念；另一方面，情境中的行动者比情境中的其他因素更突出，更易引起注意。

第二，行动者与观察者的归因分歧，即对待同一事件，行动者和观察者的归因往往是不一致的。观察者倾向于对事件进行内部归因，而行动者倾向于对事件进行外部归因。这一偏差产生的原因：一是观察视角不同，观察者更注意行动者，而行动者更注意周围的环境；二是所掌握的信息不同，观察者对行动者的过去了解少,只注意现时信息;而行动者熟知自己的过去,知道行为的来龙去脉。

第三,自我服务归因偏差,即人们把功劳归于自己、把失败归于外因的倾向。这一倾向有利于维护个体的心理平衡,避免失败事件对自信心与自尊心的打击,但也可能诱发某些自我设障行为,为可能的失败寻找借口。

第三节 社会影响

俗话说:"人在江湖,身不由己。"社会影响是指他人的言辞、行动或仅仅是其在场对我们的思想、情感、态度或行为所产生的影响和效果。一般分为群体心理影响和大众心理影响两类。其中群体心理影响的具体表现包括从众、服从、社会促进和社会抑制、群体极化和群体思维等;大众心理影响的具体表现包括模仿、暗示、感染、流行、流言和舆论等。

一、群体心理影响

1.群体的概念

群体(Group)是具有相同目标的两个或两个以上的人持续互动和相互影响,并把彼此知觉为"我们"。要成为群体,必须具备以下条件:有一定数量的成员;有一定的为成员所接受的目标;有一定的组织结构;有一定的行为规范;成员心理之间有依存关系和共同感。

从个体来看,群体有以下几个功能:帮助成员获得心理上的安全感,减少孤独和恐惧;确认自己在群体中的地位,引导成员获得归属感;对符合群体要求的思想、行为加以鼓励,为成员提供社会支持。群体的社会支持是个体心理健康发展的重要条件。

2.从众

从众(Conformity)是指个人的观念与行为由于群体的引导或压力,而向与多数人相一致的方向变化的现象。

1935 年,社会心理学家谢里夫(M.Sherif,1906—1988)最早利用"游动错觉"研究个人反应如何受其他多数人反应的影响。当个体发现其他小组成员对光点移动距离的估计都高于或者低于自己的估计值时,他们就会自觉进行上调或者下调,最终小组成员的估计值趋向平均值。20 世纪 50 年代,美国社会心理学家阿希(Solomon Asch,1907—1996)运用线段判断经典范式开展了系列实验,研究发现,尽管知道正确答案,但当听到其他人都给出了一样的错误答案,30%的被试会屈从于群体压力,给出同样错误的回答。

戴奇和杰拉德将从众的影响方式分为两类:规范性影响和信息性影响。规范性影响来自个体希望得到团体认同的压力,作出符合团体规范的行为可以得到团体的接纳和喜欢,而违反规范的个体可能遭到团体的嘲笑、再教育、拒绝和排斥。信息性影响来自于对他人参照的依赖,当个体从事某项活动时,没有客观的权威性标准可供比较,往往以他人的意见或行为作为自身行动的参考依据。

影响从众的因素主要包括以下四类:

第一,群体因素,具体包括群体规模、群体一致性和群体的凝聚力。其中,群体规模越大,赞成某一观点或采取某一行为的人数越多,个人的压力越大,从众倾向越高。群体成员的一致性越高,从众压力就越大,如果出现一个"反从众者",则其他人的从众行为就会大幅度减少。群体凝聚力是群体成员之间相互吸引的程度,群体的凝聚力越强,群体成员之间的依恋性、对群体规范的从众倾向就越强烈。

第二,情境因素,具体包括刺激的模糊性、反馈的匿名性、公开承诺等。刺激越模糊,判断的难度增加,从众倾向越高。当群体成员采用匿名表决或作出公开承诺的时候,从众的人数就会减少。

第三,个体因素,具体包括个性特征、性别、自我卷入水平等。具有权威主义人格特征的个体更可能从众,他们更倾向于相信权威,而怀疑自己。从性别来看,人们通常认为,妇女比男子更易从众。但是,社会心理学研究结果表明:妇女和男子在各自不熟悉的材料上,都表现出较高的从众倾向;而在那些熟悉程度相仿的实验材料上,从众比例差别很小。

第四,文化因素,文化也是影响从众的原因之一。惠特克(Whittaker)和米德(Meade)等人在不同国家和地区重复了阿希的从众实验,结果发现,黎巴嫩、巴西以及中国香港地区的从众率基本相仿,都在 30%~35%;唯独津巴布韦的班图部落成员的从众率高达 51%,这与该部落会对不从众的成员进行严惩有关。

3.服从

服从是指个人按照群体规范或他人的命令而作出的行为,这种行为是在外界明确的压力下作出的。

1963 年美国社会心理学家米尔格拉姆(Stanley Milgram,1933—1984) 进行了一项学习电击实验,这一经典研究在社会心理学界产生了强烈反响。实验时,两人为一组,一人当学生,一人当教师。教师的任务是朗读配对的关联词,学生则必须记住这些词,然后教师呈现某个词,学生在给定的四个词中选择一个正确答案。如果选错,教师就按电钮给学生施以电击作为惩罚。在实验过程中,“学生”故意多次出错,“教师”在指出他的错误后,随即给予电击,随着电压值的升高,“学生”叫喊怒骂,踢打墙壁,最后停止叫喊,似乎已经昏厥过去。在这种情况下,有 26 名被试(占总人数的 65%)服从了实验者的命令,给学生的电击增加到 450 伏,14 人(占总人数的 35%)作了种种反抗,中途退出了实验。

米尔格拉姆在第一次实验的基础上,改变实验条件,从主观和客观两个层面探讨影响服从行为的因素。米尔格拉姆探讨的客观因素包括:第一,“教师”与“学生”之间的距离。“学生”越是靠近“教师”,被试越是拒绝服从;而距离越远,越容易服从。第二,实验者与被试的关系。双方的关系分为三种情况:实验者与被试面对面地在一起;实验者向被试交待任务后离开现场,通过电话与被试保持联系;实验者不在现场,实验要求的指导语全都由录音机播放。结果表明,在第一种情况下,被试的服从次数是其他情况下的三倍多。第三,实验者的地位因素。在实验者的年龄、职务、权威性等不同的情况下进行实验,结果发现实验者的地位越高,被试用最强电压电击“学生”的人数也越多。

米尔格拉姆探讨的主观因素包括:第一,被试的道德水平。道德水平与服从权威人物两者呈现负相关,即道德判断水平越高,服从权威人物的可能性越小。第二,被试的个性特征。执行实验者的命令,对“学生”施加电击的被试,其个性特征有权威主义倾向。

现实生活中对无辜受害者实施暴行的事件屡见不鲜,这类行为产生的原因可能有以下四个:第一,权威人物减轻了服从者对行为的责任意识。责任转移可能是外显的,如“我仅仅是按命令行事”;也可能是内隐的,如“这不是我们小人物说了算的”。第二,权威人物经常拥有明显的身份标志,如特殊的制服、徽章、符号等,某种合法身份预示着他们具有某种合法权力,这有助于提醒人们遵守社会规范。第三,由于权威人物的命令在逐渐增大,因此服从者的心理失调感较小,使这种服从得以持续下去,拒绝变得越来越困难,甚至为了达到心理平衡,人们会去谴责受害者。第四,在许多情境下涉及毁坏服从的事件变化很快,人们来不及思考,快节奏增加了服从的倾向。

抵制毁坏服从的具体方法包括:建立责任意识,提醒收到权威人士指令的人,你们必须对自己造成的任何伤害后果负责;让个体接触不服从的榜样,并指出不服从的合理性;质疑权威人士的动机,考察其发布的指令是出于社会利益的目的还是自私的目的,增进对服从心理机制的了解,避免卷入盲从,运用相关知识来改变行为。

4.社会助长与干扰

社会助长是指个人对别人的意识,包括别人在场或与别人一起活动所带来的行为效率的提高,也称为社会促进。社会干扰是个体对别人的意识带来行为效率的下降,也称为社会抑制。

从他人在场的情形来看,社会促进或抑制都可以分为三类:观众效应、结伴效应和纯粹在场。20世纪20年代,奥尔波特在哈佛大学心理实验室做了一系列关于社会促进的实验。他让大学生被试单独或结伴从事下列复杂程度不同的活动:连锁联想、删去元音、转换透视、乘法运算、写批驳文章。结果发现,在前四种活动中,结伴条件下的成绩更好;但在写批驳文章时,单独活动效果更好。这表明社会影响性质与任务难度有关。

在此基础上,1965年扎荣茨(Robert B. Zajonc, 1923—2008)提出了优势反应说,即他人在场会增加个体的情绪或动机唤醒,增加优势反应。他人在场评价是否会提高动机水平以及提高到什么程度,一般受到以下因素影响:活动者知觉到的评价程度;评价者的身份和态度以及活动者的年龄和个性特征。

社会惰化是指群体一起完成一件事情时,个人所付出的努力比单独完成时偏少的现象,俗称为"搭便车"现象。当个体的绩效不能被单独评估,而且结果对个体并不重要的时候,人们会减少努力。减少惰化的方法有:群体成员之间关系密切;工作本身具有挑战性;以群体整体成功为目标的奖励引导;鼓励团队精神:相互支持、合作与帮助;个人相信群体成员也像自己一样努力。

5.去个体化

去个体化是指个体在群体中丧失自我意识和评价顾虑,不管群体规则是好还是坏,都要遵守。一方面,群体让人们处于唤醒状态;另一方面,群体也会导致责任分散。这就使得去个体化状态的人们会做一些单独时决不会做的事情,经历轻微的失态,如怒骂裁判、音乐会上尖叫;冲动性的自我满足,如集群破坏公物、纵酒狂欢;破坏性的社会爆发,如暴动、私刑等。去个体化状态的出现和群体规模有关,群体规模越大,成员更容易丧失自我意识和觉察,从而更可能实施暴行;由于群体中每个人都可能参与其中,也会使成员把他们的行为归因于情境,而不看作是自己的选择。

此外,身体匿名或者身份匿名状态也会增加人们出现去个体化的风险。从事一些唤醒和分散注意力的活动,如唱歌、大声喊叫、拍手或者跳舞,可以让个体快速削弱自我意识,不断强化冲动行为中的快乐。

二、大众心理影响

1.模仿、暗示和感染

模仿是在非控制条件下,个体自主地仿照他人的行为而活动的过程。模仿具有三个特征:非控制性、表面性和相似性。研究发现,儿童的模仿性大于成年人;在某方面具有威信的人会成为他人模仿对象;模仿的对象往往是类似自己又高于自己的人。

暗示是指人或环境以含蓄的方式向他人发出某种信息,以此来对他人的心理和行为产生影响。暗示可以分为不同的种类:直接暗示是指借助动作、直接通过感官来接受;间接暗示是指通过间接方式获得;自我暗示是指影响心理的"某种观念"来自自己。影响暗示的因素主要有两个方面:一个是暗示者的特征,如成就、专长、地位、年龄、资历等,反映了暗示者的权威性;另一个是受暗示者的特征,一般内向、缺乏主见的个体更容易受暗示。

感染是指个人的情绪反应受到他人或群体的影响,个体对他人或群体的某种心态的无意识、不自觉的遵从。感染是通过传播某种情绪状态实现的;交往者的情绪影响在感染过程中多次相互强化,影响是双向或多向的;感染是一种群体性的模仿,可用于对人群进行整合。近年来发生的多起踩踏事件通常与感染现象有关。

2.流行、流言和舆论

流行是指社会上相当多的人在较短时间内,追求同一种行为方式,相互之间发生了连锁性感染。流行具有以下特征:时效性,一般表现为突然迅速地扩展和蔓延,又在较短时间内消失;流行具有循环的特点,如服装;流行有年龄和性别差异,通常情况下,女性、青年更关注流行,脾气易变、好奇心强、好胜者比较追求流行。与流行有关的心理因素主要包括以下几点:从众与模仿:适应环境、获得安全感;求新欲望:满足好奇心;自我防御和自我显示:或为了克服劣等感,或为了显示自己的优越。

流行一般包括三种类型:阵热、时髦和时狂。其中,阵热主要是指存在时间短暂、对人影响不深远,涉及的对象主要是一些与人们生活关系不太密切的事物,如文学作品。时髦泛指一切新颖趋时的人或事,存在时间较短,但对人有明显的刺激作用,通常发生在与个人有直接关系的事物上,如服装。时狂是人们为符合时尚而表现出来的狂热的行为现象,较为极端。一般发生在被认为与自身有利害关系的事物上。时狂现象很不合理,近似疯狂。

流言是指提不出任何信得过的确切依据,而人们相互传播的一种特定的消息。流言一般具有以下特征:基础是不确切的信息或者是未经证实的"传闻",开始容易、停止难,传播速度快、范围广,"辟谣难";在传播过程中不断出现新的流言或谣言,传播者会对流言进行"信息加工"。奥尔波特指出流言产生的三个条件:在缺乏可靠信息的情况下,最易产生与传播流言;在不安和忧虑情况下,会促使流言产生和传播;在社会处于危机状态下,如战争、地震、灾荒时,流言易产生和传播。

社会心理学家发现,流言与谣言是一种自发性的、扩张性的社会心理现象。一般的趋势是:传播给关系密切的人,并要求保密,是一种链式网络传播;接受与传播者人数呈 S 形增长:慢—快—慢。

奥尔波特探讨了信息在传播过程中进一步失真的原因。他发现,信息会先后经历三个过程:一是磨尖,接受者再传播时总会对原有的信息断章取义,留下印象深刻、符合自己口味和兴趣的内容。二是削平,再传者会把接受的信息中的不合理成分削去,重新安排某些情节,使之故事性加强,更吸引人。三是同化,再传者往往会把得到的信息,根据自己的日常生活经验进行加工,使传闻更带有传播者的个人特点。

如何与流言抗争？研究者建议,在流言或谣言开始传播时,应准确判断其性质和影响,然后进行有一定针对性的引导或防范;对已经传播的流言或谣言,首要的工作是选择合适渠道向人们披露真情;消除人们的恐惧和焦虑不安,提高公众的心理成熟度。

舆论是指众人对某种普遍关注的社会事件公开表明一致意见。人们对这一事件的社会价值进行评论,表现出他们的一般认识和情感,并产生影响这一事件发展的巨大力量。

第四节　人际关系

一、人际关系的概念和类型

1.人际关系的概念

人际关系是对两人或多人都发生影响的一种心理性连接,包括两个最基本的维度:情感上的"亲疏"和地位上的"尊卑"。当互动双方在"尊卑"维度上互补、"亲疏"维度上对等时,双方关系比较和谐;而在"尊卑"维度上对等、"亲疏"维度上对立时,双方关系容易紧张。

美国心理学家费斯克(Alan P.Fiske,1991)认为社会互动主要有以下四种模式:第一种是共享模式,人们共享情感与资源,不分彼此,如家人关系、亲密朋友。第二种是权威排序模式,依据年龄、阶层、地位等形成不对等的权威与顺从关系,如长幼关系、上下级关系等。第三种是对等互惠模式,交往双方平等,强调对等回报与交易的平衡,如熟人。第四种是市场定价模式,双方基于理性,进行得失衡量,考虑成本与收益的比率,如商业关系。

2.人际关系的类型

台湾学者黄光国将中国人的人际关系分为三种类型:情感关系、工具关系与混合关系。其中,情感性关系存在于家人、亲密朋友间,旨在满足爱、安全感、归属感等情感方面的需求,这种关系是长期稳定的,遵循"需求法则",强调资源共享。工具性关系主要存在于陌生人间,以关系作为达到其他目标的手段或工具,遵循"公平法则",强调市场定价,这种关系是暂时、不稳定的。混合性关系存在于亲戚、邻居、师生、同学、同事等熟人之间,在时间上有延续性,遵循"人情法则",强调对等互惠。

3.人际关系的重要性

缺乏良好的人际关系会对个体的身心健康带来消极的影响。"被排斥"也是一种"情感上的虐待",遭遇排斥后,个体容易产生抑郁、焦虑情绪,感到情感被伤害。被诱发社会排斥感的被试可能增加自暴自弃或攻击行为。总而言之,丧失亲密关系不仅会损害身体健康,导致个体的免疫系统更弱,寿命更短,而且也会影响心理健康,降低满意感,恶化心理问题。

人际关系为个体提供了良好的社会支持系统,这一系统有助于提高自尊心和自信心;通过人际交往体验积极情绪,抑制焦虑和抑郁情绪;使人们意识到,有人会支援和帮助自己,共同对付外在压力,从而减轻不确定情境带来的焦虑和不安。

二、人际关系的开始：人际吸引

人际吸引是接近他人的愿望。人际吸引可以带来直接奖赏和间接奖赏,不仅能在与他人交往过程中直接获得愉悦,而且也会得到与他人有关的间接利益。

1.影响人际吸引的因素

影响人际吸引的因素有以下五个:

第一,接近性。双方地理位置越接近,空间上距离越小,越容易成为知己,尤其在交往的早期阶段更是如此。

第二,熟悉性。适度的曝光或重复接触会增加彼此的好感。波尔曼等人(Perlman, et al.,1971)发现,在正面人物、中性人物和反面人物中,熟悉只是增加了被试对正面和中性对象的喜欢程度。

第三,相似性。人们在年龄、性别、态度、相貌等个人特征上的相似,以及在社会地位、职业资历、籍贯、家庭背景等社会特征上的相似,都会增进人际吸引。夫妻知觉到的相似程度与婚姻满意度之间的相关度越高,随着时间推移,他们在面临各种事件时体验到的态度和情绪反应就会越来越相似。

第四,互补性。当双方的需要以及对对方的期望正好成为互补性关系时,就会产生强烈的吸引力,当两个人的角色作用不同时,互补因素起重要作用。

第五,个人的优势品质,包括能力、外貌和性格。人们喜欢那些社交能力强、聪明和富有竞争力的个体,但当某人过于完美时,小错误反而会增加其吸引力,这种现象被称为犯错误效应。美貌的价值主要体现在三个方面:①"美的就是好的",晕轮效应,人们倾向于认为外貌有吸引力的个体也会具有其他优秀品质;②辐射效应,人们认为与一个外貌有吸引力的人在一起可以提升自己的社会形象;③能满足人们的审美需求。不同的时代和文化对美的界定存在着差异。性格因素主要包括两类:一类是与信任有关的特质,如真诚、诚实、忠实、可靠等;另一类是与热情有关的特质,表现为言语积极、微笑等。

2.人际吸引的回报理论

根据人际吸引的回报理论,人们往往喜欢那些喜欢自己的人。而且,喜欢不仅取决于别人是否给予自己正性的评价,还取决于评价的方向变化。阿伦森(E. Aronson,1978)等人发现了得失(增减)效应。

如果伴侣最初吸引人的品质逐渐变成最惹人厌烦、恼怒的特点,致命的吸引就产生了。比如,主动风趣可能被看作不负责任、愚蠢,坚强执着被看作是专横跋扈,高注意和奉献被看作占有欲太强。产生这一现象的原因是人们的判断会随着时间的推移发生变化。这类致命的品质往往是一方所没有的,最初看起来令人羡慕的,但慢慢就会失去吸引力。

三、人际关系的发展:人际沟通

1.人际关系的发展阶段

人际关系的建立需要经过几个阶段:

第一阶段:注意阶段。从零接触到引起对方的注意,或者双方同时注意到了对方,产生双向注意。这个阶段是人际关系的开始。

第二阶段:表面接触阶段。双方开始试探性地沟通和交往,他们会在一起谈论一些公共话题,试探和观察对方的反应。

第三阶段:卷入阶段。随着交往的深入,双方的卷入程度也会逐渐发生变化,从轻度卷入,到中度卷入,再到重度卷入,沟通的质和量不断提升,关系也会变得越来越亲密。

2.人际沟通

人际沟通是运用语言等人类所特有的符号系统与他人进行信息交流、情感沟通。这种沟通是进行人际交往、发展人际关系最基本的途径,可以起到协调整合、心理保健、心理发展动力、社会心理构建的意义。

人际沟通模型中包含七个要素:信息源、信息、通道、信息接收者、反馈、障碍、背景。据研究发现,在沟通内容方面,不幸福的夫妻与幸福而满足的夫妻总体上没有不同,但他们所接收的信息或对方认为他们所听到的,却更具批评性和不尊重。也就是说,不幸福的夫妻之间往往存在着人际沟壑,即发出者的意图与对接收者的影响是不同的。

人际沟通的途径包括非言语沟通和言语沟通。非言语沟通主要利用面部表情、目光接触、身体姿势、手势、人际距离、副语言(即说话人的声音变化)等途径传递信息或情感。言语沟通主要包括两个重要部分:自我表露和彼此倾听。

自我表露是与他人分享隐秘信息与感受的过程,可以分为描述性表露和评价性表露,前者是透露给对方一些关于我们自己的事情;后者是透露给对方自己对其他人或事的观点和感受。自我表露的益处主要体现在:可以帮助人们宣泄自我感受,排解压力;自我澄清,分享经历的过程中增强自我觉察;社会确认,通过观察对方的反应,检测自己的观点是否正确和恰当;社会控制,通过有意表露某些信息达到印象管理的目的;促进关系发展,体现分享和信赖。自我表露也存在一些风险,比如,遭遇冷淡,对方对我们的自我表露无动于衷;所表露的自我信息引起他人对我们的排斥;他人利用我们的信息伤害我们或控制我们;信息被他人出卖。

社会渗透理论认为,当关系由浅入深时,人们会表露更多的个人信息,谈论更广泛的话题。但是,这种表露的深度和广度不是直线增加的,其中有循环和倒退。因此,自我表露不会直接增加亲密,当一个人将自己的情感和私人信息透露给他人时,不仅需要勇气,也需要积极的互动。倾听者对倾诉者的自我表露报以同情和温暖,倾诉者感激倾听者的关心,形成亲密关系的过程就开始了。

在沟通过程中,积极倾听也是非常重要的。一般来说,倾听者有两个重要的任务:一是准确地理解对方的意思。二是将关注和理解表达给对方,让对方知道我们对他们的话是在意的。这两个任务可以通过意译来完成。意译是一个可以避免争执和冲突的好办法,具体方法是用自己的话重复一次,给机会让信息发出者确认那是否是他所想要说的。倾听过程不仅要避免使用读心术,自以为理解而急于作出反应,而且要保持情绪的稳定,通过内心的调整或深呼吸来消除愤怒。研究发现,快乐的伴侣会避免延长消极情感互动的时间,避免不理性的相互嘲弄或鄙视、大发脾气或对抗。

四、亲密关系的维系：满意度和承诺

1.亲密关系的影响因素

亲密关系是一种两人相处时间多,场合多,有互相情感支持,并具有排他性的关系。形成这种以正向情感为基础的相互喜爱之情,需要双方在一起的时间增多,场所增多;较多的自我表露;双方情感支持;区别于一般朋友的特殊对待。随着时代的变迁,亲密关系也在不断发生着变化,如越来越少的人结婚成家;结婚的年龄越来越晚;同居和未婚先孕的比例会越来越高;离婚率和单亲家庭的数量也在增加。

亲密关系变化的原因主要有以下几点:首先,社会经济发展水平提高,社会工业化程度高,人们越来越富足,对婚姻的经济依赖越来越小;教育和财政资源充裕,学习和工作占用了更多时间。其次,个人主义更加突出,年轻人更强调个人自由,鼓励追求自我实现。再次,现代生殖技术、电子游戏、网上漫游等新科技带来了人们生活方式的改变。最后,特定文化下适婚青年男女的相对数量也面临着从高到低的变化,即随着年龄和学历的增长,女性的择偶范围日益狭窄。

除了社会原因,影响亲密关系的个人因素主要包括以下几点:

第一,依恋类型。成人的依恋模式会影响亲密关系的建立,巴塞罗缪将依恋分为四种类型:安全型、痴迷型、恐惧型和疏离型。安全型的个体在感情上很容易接近他人,不管是依赖他人还是被人依赖都感觉心安。痴迷型的个体希望在亲密关系中投入全部的感情,但经常发现他人并不乐意把关系发展到自己期望的那般亲密,担心伴侣不看重自己。恐惧型的个体害怕和他人发生亲密接触,担心自己和他人变得太亲密会受到伤害。疏离型的个体不喜欢依赖别人或让人依赖。由于人际是双向过程，依恋类型会受到个体特质、母亲的依恋类型、孕期情绪以及成年后的经历等因素的影响。

第二，性别角色。性别角色是指社会文化所期待的"正常"男女应有的行为模式。研究者把与任务有关的"男子气"技能称为工具性特质，把与社交和情感有关的"女人味"技能称为表达性特质。在工具性和表达性上得分都高的双性化个体，往往幸福感高、适应能力强、有效率和心理健康，坚持传统刻板性别角色的夫妇不如非传统夫妇的婚姻幸福。

第三，人格特质。人格特质较为稳定，它会影响人们一生的人际交往行为。研究发现，神经质越强，人们对亲密关系的满意度越低，神经质的人容易发怒和焦虑，这些不良倾向往往导致在人际交往中产生摩擦、悲观和争执。

第四，自尊水平。高自尊的人一般更加健康和幸福，低自尊的人有时会低估伴侣对他们的爱，容易知觉到本来不存在的伴侣漠视，对爱情能否持续不乐观，对伴侣偶尔表现出来的糟糕情绪反应过度，从而损害亲密关系。

第五，归因风格。人们在归因上的差异可以分为两种：一种是增强关系的归因：从积极角度解释对方的行为，将对方的消极行为归因为外部的、不稳定、非故意的原因，将积极行为归因于内部的、稳定的、有意的原因。另一种是维持悲哀的归因，以消极的眼光看待对方，对积极行为作外部的、不稳定的和特定的归因，对消极行为作内部的、稳定的和一般性的归因。

2.亲密关系的维系

亲密关系和泛泛之交的区别主要体现在以下六个方面：了解程度、关心程度、相互依赖性、相互一致性、信任度和忠诚度。在亲密关系的维系中，双方需要了解彼此的喜好，相互关心，拥有相同的目标、价值观或行为习惯，互相信任，保持对关系的忠诚，不会轻易背叛。

亲密关系的维系与两个因素有重要关联：一个是个人对关系的满意度；另一个是个人对维持关系的承诺。满意度是指一个人对一段关系质量的主观评价。根据相互依赖的观点，如果一段关系是有利的，即人们获得的回报超过了付出的成本，个体就会满意，回报与满意感之间呈正相关，满意度还会受到一般的比较水平和公正知觉的影响。因此，增加满意度是促进亲密关系发展的重要方式，可以让个体从关系中得到更多的利益。

　　承诺对亲密关系的发展也是至关重要的。承诺指维持个体不脱离关系的所有力量,包括积极的和消极的力量。对关系有高度承诺的人愿意维持关系。承诺包含三种类型:奉献承诺,个体渴望保持或改进一段关系,愿意不计成本做出奉献;道德性承诺,受价值观和道德准则的影响,让个体相信应该维持这段关系;限制承诺,即由于结束关系成本高昂而限制个体必须维持关系。

? 思考题

　　1.社会心理学的研究对象是什么?

　　2.社会心理学的特点有哪些?

　　3.社会心理学的研究类型有哪些?

　　4.何为社会认知? 社会认知包含哪些过程?

　　5.什么是社会知觉? 影响社会知觉准确性的因素有哪些?

　　6.什么是印象形成? 印象形成的特点有哪些?

　　7.凯利归因理论的主要观点是什么?

　　8.什么是归因? 归因偏差有哪些?

　　9.什么是从众? 影响从众的因素有哪些?

　　10.什么是服从? 影响服从的因素有哪些?

　　11.什么是社会助长和干扰?

　　12.什么是社会惰化? 如何避免社会惰化?

　　13.什么是模仿、暗示和感染?

　　14.什么是流行、流言和舆论?

　　15.什么是人际关系?

　　16.人际关系的发展需经历哪些阶段?

　　17.影响人际吸引的因素有哪些?

　　18.人际沟通模型包含哪些要素?

　　19.什么是亲密关系? 亲密关系与一般关系的区别是什么?

　　20.影响亲密关系的因素有哪些?

本章参考文献

[1] R.A.巴伦,D.伯恩.社会心理学[M].杨中芳,等,译.10 版.上海:华东师范大学出版社,2004.

[2] S.E.泰勒,L.A.佩皮劳,D.O.西尔斯.社会心理学[M].谢晓菲,等,译.10 版.北京:北京大学出版社,2004.

[3] B.瑞文,J.儒本.社群心理学[M].刘永和,译.福州:福建教育出版社,1993.

[4] 罗伯特·A.巴隆,尼拉·R.布兰斯科姆,唐·R.伯恩.社会心理学[M].邹智敏,张玉琳,等,译.12 版.北京:机械工业出版社,2011.

[5] 戴维·迈尔斯.社会心理学[M].侯玉波,乐国安,张智勇,等,译.11 版.北京:人民邮电出版社,2014.

[6] 阿伦森.社会性动物[M].邢占军,译.上海:华东师范大学出版社,2007.

[7] 理查德·克里斯普,里安农·特纳.社会心理学精要[M].赵德雷,高明华,译.北京:北京大学出版社,2008.

[8] 谢利·泰勒.社会心理学[M].崔丽娟,等,译.12 版.上海:上海人民出版社,2010.

[9] 埃利奥特·阿伦森.绝非偶然[M].沈捷,译.杭州:浙江人民出版社,2012.

[10] 斯坦利·米尔格拉姆.对权威的服从[M].赵萍萍,王利群,译.北京:新华出版社,2013.

第三章
心理健康与心理问题识别

第一节　心理健康及其评估

一、心理健康界定

心理健康是指个体内部心理活动协调一致和外部社会适应良好的稳定的心理状态。

内部心理活动包括有意识的心理活动和无意识的心理活动。有意识的心理活动是指能够觉察到并进行自我调节与有效控制的心理活动,这种心理活动能用语言表述出来并进行自我调节与有效控制,包括认知活动(感知觉、记忆、想象、思维等)、情感活动(欢乐、悲哀、爱、恨、紧张、轻松等)和意向活动(动机、兴趣、愿望、意志等)。心理健康意味着这些活动彼此之间是协调一致的。无意识的心理活动是指觉察不到也不能进行自我调节与有效控制的心理活动,即意识不到的潜意识活动。无意识的心理活动能通过无意识动作、口误、笔误、梦境等显现出来。有意识的心理活动是人的心理活动的主导部分。

外部社会适应是指社会生活环境发生变化时个体能否在心理活动、行为方式上随之改变,使之适应所处的社会生活环境的变化。如果社会生活环境发生变化时能调整自己的心理活动和行为方式,包括调整认知以及在此基础上形成的观念,并确立合适的行为表现方式,以适应社会生活环境,则称之为社会适应良好。反之即社会适应不良。

这种内部心理活动协调一致和外部社会适应良好的心理状态只要是稳定的,就意味着心理健康。

因此,心理健康具有以下一些基本特征:

①认知功能正常:感知敏锐、注意稳定、记忆良好、想象丰富和思维灵活。

②情绪积极稳定:乐观开朗、豁达知足,不因微小刺激而情绪变化大起大落。

③自我评价恰当:自我认知和评价实事求是,既不自卑也不自负。

④人际关系融洽:乐于交往,待人以诚,能悦纳他人,也能被他人所接纳,关系和谐。

⑤社会适应良好:既能及时调节心理活动以适应社会生活环境的变化,也能控制和排除影响社会生活环境适应的不良因素,以使心理活动与周围社会生活环境保持协调一致。

二、心理健康及其水平评估

1.心理健康与否的评估标准

常用的心理健康与否的评估标准主要有以下几个:

(1)主观经验标准

根据被评估者的主观感受和评估者的主观经验进行评估。主观经验有两种含义:一是被评估者的主观体验和感受。如被评估者自己感到难以控制和摆脱的焦虑、抑郁、恐惧等。二是评估者的主观临床和生活经验。评估者根据以往的临床实践经验和生活阅历,结合被评估者的心理状态和行为表现来评估心理健康与否。尽管评估者因经验不同而评估标准有可能存在差异,但评估者一般都经过专业教育和有相当的经验积累,因而评估标准大致是相近的。

主观经验标准是最便捷也最直接的心理健康与否的评估标准,但这种评估标准的主观随意性太大,稍不谨慎,就有可能造成失误,因而其评估的精确性也常常成为问题。

(2)统计分析标准

根据被评估者的心理特征是否明显偏离平均值进行评估。心理健康与否的界限可以根据对普通人的心理特征进行测量而获得的统计数据进行划定。因此,评估心理健康与否,可以依据被评估者的心理特征是否明显偏离平均值以及偏离平均值的程度来确定。对人们心理特征进行测量的结果通常显现出常态分布,居中的大多数人被认为心理健康,而远离中间的两端则被视为心理异常。

统计分析标准提供了心理特征的数量资料,因而较为客观并便于比较。但统计分析标准操作起来专业性较强,有一定难度,且并非所有的心理特征都呈常态分布,有些呈常态分布的心理特征,也并不是远离中间的两端都异常。

(3)心理测评标准

根据规范化的心理测评结果进行评估。心理测评标准的原理与统计分析标准相同,许多心理测评都可以归属到统计分析标准的范畴,但并非所有的心理测评都可以囊括于统计分析标准之内。

心理测评标准是在标准化的情境下,取出被评估者行为样本予以数量化,或进行划分范畴的描述并加以分析,以评估心理健康与否,如智力测验、人格测验以及90项症状清单、抑郁自评量表、焦虑自评量表等临床评定量表。

心理测评标准由于受标准化样本、标准量数的常模、信度、效度以及标准化方法的制约,所以具有较强的科学性。但是,心理测评标准的操作具有相当的难度,只有受过专门训练的人才能熟练掌握。

(4)社会适应标准

根据是否适应社会生活环境并与之保持协调进行评估。社会适应是指一个人对社会环境的应对以及顺应,主要表现在自理、沟通、交往等方面。心理健康者能够按照社会生活的需要主动地适应社会环境,能按照社会准则和道德规范行事,其行为符合社会常模即社会准则与规范。如果不能按照社会认可的方式行动,则其行为就有悖于社会要求而使人难以理解和接受,就会被评估为心理不健康。

社会适应标准比较容易掌握,适用范围较广,但是该标准的运用必须考虑不同时代、不同地区、不同社会习俗和不同文化背景的影响。

(5)病因症状标准

根据是否有致病因素和症状表现进行评估。心理不健康通常都有致病原因和症状表现,只要发现被评估者有这些致病原因和症状表现,就可以评估为心理不健康。例如,只要被评估者有痴呆表现,并且其脑部受到梅毒螺旋体感染,就可以确定其为麻痹性痴呆。

病因症状标准比较强调可观察的心理症状及其产生的心理、社会文化尤其是生物方面因素的原因,并且可以通过物理、化学、生理心理等手段测定加以评估,因而比较客观可靠。但是,该标准在实际运用时,适应范围常会受到限制。例如,有的心理疾病患者的病因、症状不十分清晰和确定、有的人心理健康与否处于边缘临界状态等,都很难用该标准作出明确的评估。

以上五种是心理学史上评估心理健康与否的有代表性的评估标准,其中前四种都可以称为社会适应标准(广义),只有满足了这四个标准,个体才能够更好地在社会环境中适应。第五种则是医学标准,这是心理健康的最低标准。

2.心理健康水平的评估标准

个体不仅要在社会环境中适应、生存,还应挖掘自身潜能,不断提升心理健康发展水平,这就产生了心理健康水平的评估问题。1948 年,世界卫生组织的宪章中这样定义"健康":"健康是躯体上、心理上和社会上的完满状态,而不仅仅是疾病和衰弱的消失。"这就意味着真正的"健康"是包含躯体和心理健康以及和美生活状态的健康。就心理健康而言,在当今社会,也并不只是满足于没有心理疾病,而要在此基础上不断提高心理健康的层次。因此,在心理健康的评估中,应该包括心理健康与否以及心理健康水平两方面内容的评估,即全面的心理健康评估标准应该是心理健康及其发展水平的评估标准。心理学史上心理健康的评估标准基本上是"社会适应标准",这种标准只能解决心理健康与否的问题,而不能评估心理健康的发展水平问题。要评估心理健康的水平,则需要有个"发展标准"。心理健康"发展标准"包括"发展标准"的本质特征和具体评估标准。"发展标准"的本质特征是"发展标准"的本质反映,也是心理健康水平的本质反映。"发展标准"本质特征越明显,心理健康发展水平就越高;"发展标准"的具体评估标准是体现"发展标准"本质特征的具体评估指标,这些指标越明显,心理健康水平相对就越高。

"发展标准"的本质特征包括以下六个:

(1)认识清醒健全

不仅能充分了解自我,能清醒、全面地认识自我和评价自我,善于修正自我和乐于接纳自我,对生活充满热情,而且也能了解他人,能客观、正确地认识他人和评价他人。也就是说,不论是认识和评价自我,还是认识和评价他人,都应该实事求是地正视自己和他人的现实表现。

(2)情绪积极饱满

心境良好,愉快、开朗等积极的情绪状态占优势,主导心境积极饱满,精神状况稳定振作,即使出现了苦闷、忧愁等消极情绪,也能够较快地自行摆脱和化解。

(3)意志品质良好

能够正视现实,自律性强,坦然面对挑战,独立处理矛盾。自觉性、果断性、坚持性、自制性等良好的意志品质明显。

(4)个性完善统一

个性特征要稳定、一致、健全。即不仅在一切活动中个性特征都能保持相对稳定、一致,而不是动辄波动、前后矛盾。同时还应该为人诚实、富有同情心,责任心强、有首创精神,自尊、自信并具有较强的心理承受能力,而不是为人虚伪、冷漠,缺乏责任心、墨守成规,自卑、自负和心理承受能力低下。

（5）人际关系和谐

乐于与人交往，待人诚恳、热情，尊重理解他人，宽容他人的缺点，能悦纳他人，也能为他人所接纳。

（6）潜能充分发挥

不仅能认识和发挥自己现有的能力，也能逐渐认识和发现自身尚未发挥的潜力并不断挖掘，做到更有效地自我完善、自我发展。

"发展标准"的具体评估标准是"发展标准"本质特征的体现，也是心理健康水平的具体评估标准。"发展标准"的具体评估标准可从以下几种主要社会适应性能力上进行评估考量。

（1）适应能力

适应能力是指个体适应赖以生存的客观现实（自然环境和社会环境）以及自我内部环境变化的能力。适应的主动、被动和适应的速度是衡量心理健康水平的重要指标。适应能力越强，适应就越主动、越快，心理健康水平就越高；适应能力越弱，适应就越被动、越慢，心理健康水平就越低。

（2）耐受能力

耐受能力是指对精神刺激的承受能力。精神刺激有强弱与短暂持续之分。如果能承受强烈的精神刺激或者虽不强烈但持续出现的精神刺激，做到平静、理智，则心理健康水平就高；如果只能承受较弱或短暂的精神刺激，则心理健康水平就相对较低。

（3）调控能力

调控能力是指人的大脑功能有意识地控制和调节心理活动的能力。大脑功能越强，调控心理活动的能力就越强，心理健康水平就越高；大脑皮层功能下降，调控心理活动的能力也必定随之变弱，则心理健康水平也就会降低。

（4）社交能力

社交能力是指在认知、情感、情绪、态度上与人沟通的能力。社交能力中虽然也包括社交意愿、社交程度等因素，但关键还在于沟通能力。社交能力和沟通能力越强，就越容易在认知、情感、情绪、态度上与他人一致和融洽，就越容易接纳他人和被他人接纳，心理健康水平就越高；社交能力和沟通能力越差，就越不乐于交往，也越不善于交往，就有可能不愿甚至难以接纳他人，也不易被他人接纳，心理健康水平则就会越低。

（5）康复能力

康复能力是指遭受精神刺激后导致心理创伤的复原能力。康复的速度和程度同样也是衡量心理健康水平的重要指标。康复能力越强，心理创伤复原时间就越短，复原程度就越高，心理健康水平就越高；康复能力越弱，心理创伤的复原时间就越长，复原程度就越低，有时甚至还会影响正常的心理活动，则心理健康水平就会越低。

第二节　心理问题界定与类型

一、心理问题界定

心理问题是指心理异常问题，是个体某个时段或长期内部心理活动失调和外部社会适应不良且已影响或损害社会功能的心理状态的表现。

内部心理活动失调和外部社会适应不良的特点如下：

第一，心理活动与社会现实环境失调，心理反应和行为表现与现实环境失去合理性。心理是人的头脑对客观现实的反映，任何人在其成长发育的社会化过程中，必定会形成对外界事物的特定的心理反应。例如，在受到赞赏时会产生愉悦、感激等情绪和行为反应，受到侮辱时则会产生反感、怨恨、愤怒甚至攻击等情绪和行为反应。如果心理反应和行为表现与现实环境不相适应，心理活动与现实环境保持一致的动态平衡遭到破坏，对外界刺激就会作出使人难以理解的不合理反应，如无缘无故地焦虑，或者受到微不足道的刺激就不顾场合地大发雷霆，则心理健康就出现了问题。

第二，心理活动内在联系失调，同一心理过程内各种心理活动之间、不同心理过程相互之间或心理活动与情绪、行为相应反应之间失去协调性。心理过程包括认知过程、情感过程和意向过程，无论是同一心理过程的各种心理活动之间，如认知过程的感知觉、记忆、思维等心理活动之间，还是不同心理过程之间，如认知过程的评价、观念与情感过程的内心体现之间，抑或是心理过程和相应情绪、行为表现之间，如情绪情感过程与通过动作、表情等呈现的相应情绪反应之间，都必定具有协调性，正是这种协调性保证了个体在反映客观环境时的高度精确性和有效性。

例如,在情感过程中,遇到喜事而产生愉快的情绪体验,并用愉快的语调表达,做出高兴的行为举止,都说明其心理是健康的。如果这种协调性遭到了破坏,用低沉无力而悲哀的语调,甚至伴有痛苦的表情和动作来表达内心愉快的情绪体验,或者用欢欣的语气讲述令人悲伤的经历等,则说明出现了心理问题。

第三,心理活动稳定性失调,是指个体的心理活动在态度、理智、情绪和意志等方面表现构成的个性特征失去相对稳定性。任何心理过程在每个具体个体身上的表现,都会形成相对稳定的个性心理特征。这种个性特征是在遗传的基础上,个体在长期的生活经历过程中形成的,个性特征一旦形成,就既具有区别他人的独特性,又具有不易改变的相对稳定性。例如,性格乐观外向的人,平时总会给人热情爽朗的感觉。个性特征的某些方面表现如果莫名其妙地突然发生了难以理解的变化,并且持续时间长、难以恢复,则反映这些方面变化的心理活动出现了问题。

内部心理活动失调和外部社会适应不良的这些特点,必定会在一定程度上干扰、影响或损害社会功能,而干扰、影响或损害社会功能则意味着适应社会必要的生活、学习、工作和人际交往等心理功能,在一定程度上受到了明显干扰、影响或损害,心理功能已难以或无法在社会适应中正常发挥作用,以致造成适应不良、适应困难甚至适应障碍。

因此,个体内部心理活动失调和外部社会适应不良所表现出来的这些特点以及在一定程度上已干扰、影响或损害了社会功能,就构成了心理问题的基本特征,这些基本特征也是判别心理是否异常的基本要求。

在现实生活或心理咨询与心理治疗临床实践中,为了减轻当事人或来访者的心理精神压力,通常会把"心理异常"问题称为"心理问题"(psychological problem)。

二、心理问题类型

根据心理功能、心理状态是否发生病理性变化,可以分为非病理性和病理性两类心理问题。

非病理性心理问题是心理失衡的表现,心理功能、心理状态没有发生病理性变化,通常称为"一般心理问题"(Mental Block 或 Mental Obstruction)。一般心理问题是轻微的心理问题,是局部心理活动暂时的异常状态,常与一定的情景性刺激相联系,也常为一定的情景性刺激所诱发。脱离或消除相关的情景性刺激,或者经认知、情绪等心理调控,心理活动通常可恢复正常。例如与考试这种情景性刺激相关而在考试现场出现的熟记内容遗忘、注意狭窄和感觉迟钝而看漏、看错文字符号等表现的考试过度紧张反应,就属于一般心理问题范畴。考试结束后或在非考试场合,这些在考试现场才出现的考试过度紧张反应的具体表现便不会出现。

病理性心理问题是心理变态的表现,心理功能、心理状态已发生了病理性变化,这类心理问题被称为"心理障碍"或"精神障碍"(Mental Disorders)。心理障碍(精神障碍)属于心理病理学范畴。

心理障碍(精神障碍)又可细分为精神病性心理障碍(精神障碍)和非精神病性心理障碍(精神障碍),常分别简称为精神病性障碍(Psychotic Disorders)和非精神病性障碍(Non-psychotic Disorders)。

其中,精神病性障碍是指具有精神病性特征的心理障碍(精神障碍),即伴有精神病性症状的心理障碍(精神障碍)。精神病性症状特征:缺乏对自己病态心理活动与行为表现的辨别能力和控制能力,也没有能力判断、区分和处理现实事物和问题,如幻觉、妄想等。在心理障碍(精神障碍)中只要伴有精神病性症状,就属于精神病性障碍。精神病性障碍在我国通常被称为精神病。精神病性障碍在发作时自知力严重缺失,不能应付日常生活要求或保持对现实的恰当接触。

非精神病性障碍则没有精神病性特征和症状,通常具有自知力,能应付日常生活要求或保持对现实的恰当接触。有些非精神病性障碍在发作时也可出现自知力缺失,如人格障碍中的大多数亚型、神经性厌食症等,因而不可将自知力是否缺失作为区分精神病性障碍和非精神病性障碍的诊断标准。在心理障碍(精神障碍)体系中,大多数属于非精神病性障碍。

由于心理障碍或精神障碍是心理功能、心理状态病理性变化的表现,因而心理障碍或精神障碍本质上就是心理疾病或精神疾病(Mental Illness),在临床实践中,通常也习惯用心理障碍或精神障碍替代或指代心理疾病或精神疾病。世界卫生组织(WHO)制定的《国际疾病分类(第 11 版)》(*International Classification of Diseases*, ICD-11)[第10 版及之前各版的《国际疾病分类》是《疾病和相关健康问题的国际统计分类》(*International Statistical Classification of Diseases and Related Health Problems*)的俗称]其中涉及精神疾病(心理疾病)分类与诊断内容的第六章"精神、行为或神经发育障碍"(Mental, Behavioral or Neurodevelopmental Disorders)、美国精神医学学会颁布的《精神障碍诊断与统计手册(第 5 版)》(*Diagnostic and Statistical Manual of Mental Disorders*, DSM-5)等用的都是"Mental Disorders"这个概念。

第三节　心理问题识别

一、一般心理问题识别

一般心理问题是轻微的心理异常，是局部心理活动在某个时段失衡的表现，主要表现为情绪问题，以消极情绪的形式表现出来。但消极情绪作为对负性刺激的消极内心体验，是正常的心理反应，是人皆有之的正常心理现象，不能因此而理解为其本身在任何情况下都属于"一般心理问题"。通常情况下，由一定情景性刺激引起的消极情绪，其持续时间在合理的时段内没有化解或无法排除，使人不能理解，且在一定程度上已干扰和影响了社会功能，即在一定程度上已干扰和影响了人际交往的动机和兴趣、干扰和影响了生活热情和质量、干扰和影响了学习与工作的积极性和效率等，才能判别为一般心理问题中的情绪问题。例如，长时间难以摆脱的失恋痛苦、较严重而难以缓解的考试焦虑等。当然，"合理的时段"并不意味着时间的长度是刻板固定的，时间的长短会受相应刺激的性质、强弱、个体的心理承受能力与物质条件等诸多因素影响而有所不同，因而不能绝对化。由一定情景性刺激引起的消极情绪，其正常的持续时间应该为他人所能理解，一旦超越了他人可理解的时段长度，这种消极情绪就会演变成心理问题。如遗失一笔虽然可观但不影响物质生活质量的钱财而引起的懊丧、郁闷、烦躁等消极情绪，其合理持续时间的长短就与收入水平以及当事人的抗挫能力强弱密切相关，但这种消极情绪的持续时间也只有在他人可理解的长度内才是合理的，一旦超越，这种消极情绪就属于一般心理问题。有的由一定情景性刺激引起的消极情绪也可能合理的持续时间比较长，如失恋引起的痛苦，持续时间可能都比较长，他人通常能理解，也没有明显干扰和影响社会功能，就不能当作一般心理问题中的情绪问题，如果持续时间太过长久且在一定程度上已明显干扰和影响了社会功能，甚至产生了轻生的意念，则就成为一般心理问题中的情绪问题。但只要还没有达到情绪情感上的心理障碍（精神障碍）程度，还不符合情绪情感上的心理障碍（精神障碍）的诊断标准，仍属于一般心理问题。

　　一般心理问题除了主要表现为情绪问题外,也常表现为行为问题和人格问题,如经常说谎、习惯性地与父母或老师对抗等不良行为表现以及在日常生活中,人们常讲的性格偏执、性格多疑、性格怯懦、性格孤僻等人格表现就属于一般心理问题。这些行为问题和人格问题均未达到品行障碍和人格障碍的严重程度。

　　此外,一般心理问题还可以表现为注意、记忆、思维等方面的问题,如注意转移困难、记忆减退、选择性思维迟滞等,但也均未达到注意障碍、记忆障碍、思维障碍等严重程度。

　　一般心理问题如果任其迁延而不作调整,或难以调整,则有可能演变为心理障碍(精神障碍)。例如,由生活环境或社会地位的改变等精神刺激引起的抑郁情绪,如果持续时间达 3 个月及以上,且已明显损害了社会功能,就会演变成创伤及应激相关障碍中的适应障碍;如果抑郁情绪伴有兴趣和乐趣缺失、精神运动性抑制或激越、思维缓慢等一系列症状,持续时间已达 14 天及以上,且已明显损害了社会功能,则就能达到符合抑郁障碍诊断标准的程度。又如,年龄在 10 岁以下的儿童,如果经常说谎、经常与父母或老师对抗、经常怨恨他人而心存报复、经常因自己过失或不当行为而责怪他人等多项不良行为同时出现,且已持续半年以上,则就可能成为对立违抗性障碍。

二、常见心理障碍(精神障碍)识别

1.焦虑及恐惧相关障碍

(1)特定恐惧症

特定恐惧症是表现为对特定的事物、情境或现象产生明显或强烈恐惧的焦虑及恐惧相关障碍。这些特定的事物、情境或现象对普通人不会引起恐惧或焦虑,也没有恐惧刺激的意义,但对特定恐惧症患者来说,则是引起其明显或强烈恐惧或焦虑的特定刺激。

①临床表现

引起明显或强烈恐惧或焦虑的特定刺激包括狗、猫、虫子、鼠等特定的事物;高处(高空)、电梯、注射、输液等特定的情境;暴风雨、雷声、黑暗(黑夜)、流血、疾病、死亡等特定的现象等,这些特定刺激会立即使患者产生明显或强烈的恐惧或焦虑。特定刺激出现前通常有预期性焦虑,患者会显得紧张和惴惴不安,并采取回避态度,一旦恐惧刺激出现,则惊恐万状并竭力逃避,尽管知道回避或逃避没有必要,但仍竭力回避或逃避,无法控制。如果无法回避或逃避特定刺激,则会带着强烈的恐惧和焦虑去忍受。患者的社会功能明显受损。

②识别要点

a.对特定的事物、情景或现象产生明显恐惧或焦虑,这些特定刺激并不存在实际危险,与强烈的恐惧或焦虑反应不相称。

b.症状持续至少已6个月。

c.患者感到痛苦,其社会功能明显受损。

（2）场所恐惧症

场所恐惧症是表现为担心在公共场所、密集人群中可能出现惊恐发作或惊恐发作样症状时难以逃离,独自出门发生意外时窘迫无助而感到明显或强烈恐惧的焦虑及恐惧相关障碍。

①临床表现

在乘坐公交车、出租车、地铁、火车、飞机和轮船等公共交通工具,置身于商店、饭馆、影剧院等封闭场所,或置身于菜市场、停车场、集市等密集的有包围感的开放场所以及拥挤人群担心出现惊恐发作或惊恐发作样症状时难以逃离而感到明显或强烈的恐惧或焦虑,或者独自出门担心大小便失禁或摔倒等意外时窘迫无助而感到明显或强烈的恐惧或焦虑。

尽管这种明显或强烈的恐惧或焦虑同乘坐交通工具、处于封闭场所、密集的有包围感的开放场所、拥挤人群或独自出门等可能造成的实际危险不相称,但还是会想方设法主动去刻意回避,需要有人陪伴才去这些公共场所。如果无人陪伴而又不得不去这些公共场所,则会带着强烈的恐惧和焦虑去忍受,但会感到非常紧张和痛苦,有时也会出现惊恐发作样症状。

患者感到痛苦,其社会功能明显受损。

②识别要点

a.在乘坐交通工具、处于封闭场所、物体密集的开放场所、拥挤人群、独自出门等5项中,至少有2项感到明显或强烈的恐惧或焦虑。

b.主动回避这些公共场所或需要有人陪伴出门,否则会带着强烈的恐惧或焦虑去强行忍受,但会感到非常紧张和痛苦,有时也会出现惊恐发作样症状。

c.恐惧与焦虑或回避症状至少已持续6个月。

d.感到痛苦,其社会功能明显受损。

(3)社交焦虑障碍

社交焦虑障碍是表现为在社交场合担心自己的行为方式或在人际交往时出现焦虑被他人负面评价而产生强烈焦虑、恐惧的焦虑及恐惧相关障碍。

①临床表现

高度关注自我,对自己在人际交往时的表现持有负面的认知,担心自己在与他人交往时表现得不尽如人意、犯错;在他人面前显得尴尬,害怕被他人审视,或者害怕在人际交往场合出现焦虑被他人负面评价,因而对人际交往产生恐惧或焦虑,能避则避。避免与拒绝会使自己产生恐惧和焦虑的对象交往,担心在对话交流、与陌生人见面、吃喝等被注意甚至被观看以及担心演讲、表演节目时被审视,因而主动回避或逃避人际交往,甚至也不愿去可能要与人打交道的公共场所,如商店、餐厅以及各种聚会场合,尽量避免出现在这些社交场所。如不得不交往,则也是带着强烈的恐惧和焦虑去忍受,且常伴有心悸、出汗,或者举止笨拙、忐忑不安。

患者感到痛苦,其社会功能明显受损。

②识别要点

a.在人际交往场合担心自己行为方式或在社交场合出现焦虑被他人负面评价而恐惧或焦虑,主动回避人际交往。

b.恐惧和焦虑与人际交往的实现威胁不相称。

c.恐惧与焦虑或回避症状至少已持续6个月。

d.患者感到痛苦,其社会功能明显受损。

(4)惊恐障碍

惊恐障碍是表现为反复出现不可预测的惊恐发作的焦虑及恐惧相关障碍。

①临床表现

在情绪稳定或焦虑状态下,突然发生事先不可预测的惊恐发作,无明显应激源或虽有应激源但无危险,具有强烈的恐惧和不适感,在几分钟内迅速达到高峰。

惊恐发作期间具有濒死感、失去自我控制感或发疯感、心悸或心律加速、出汗、发抖、气短或窒息感、喉部堵塞感、胸痛或胸闷等胸部不适感、恶心或腹部不适感、头晕甚至昏厥或失去平衡感、发麻或针刺等肢体感觉异常以及人格解体或现实解体等诸多症状。每次发作通常为5~10分钟,一般不超过1小时即可自行缓解。发作时意识清晰,事后能回忆。惊恐发作之后心有余悸,常担心再次惊恐发作或害怕发作导致猝死或发疯等严重后果。

患者感到恐惧和痛苦,其社会功能明显受损。

②识别要点

a.反复发生具有强烈恐惧和不适感的惊恐发作,并至少伴有临床表现诸多症状中的 4 项。

b.至少在一次惊恐发作后非常担心再次惊恐发作或害怕发作导致猝死或发疯等严重后果,或者想方设法回避可能会引起惊恐发作的活动、场所和某些情景性刺激,甚至回避锻炼和陌生场景等,且至少持续 1 个月。

c.患者感到恐惧和痛苦,其社会功能明显受损。

(5)广泛性焦虑障碍

广泛性焦虑障碍是表现为对日常生活、学业和职业中多方面过分的预期性担忧的焦虑及恐惧相关障碍。

①临床表现

对日常生活、学业和职业中出现的诸多事件或诸多活动表现出持续的难以控制的过分担心和焦虑,焦虑具有明确的指向,并非是模糊的。患者经常处于高警觉状态,似乎有种大难即将临头的不祥预感,并始终处于心烦意乱、恐慌不安的这种预感之中。

在持续的担心和焦虑期间,伴有紧张不安或激动等精神运动性症状以及易激惹、注意力难以集中或头脑一片空白、肌肉紧张、易疲劳、睡眠障碍等症状。同时伴有出汗、心悸、头晕等植物神经功能紊乱导致的躯体症状。

患者感到痛苦,其社会功能明显受损。

②识别要点

a.对日常生活、学业和职业中多方面过分的预期性担心和焦虑,在精神运动性紧张不安或激动、易激惹、注意力难以集中或头脑一片空白、肌肉紧张、易疲劳、睡眠障碍等 6 项症状中至少有 3 项症状,同时伴有植物神经功能紊乱导致的躯体症状。

b.过分的预期性担心和焦虑不可预测,也难以控制,至少已持续了 6 个月。

c.患者感到痛苦,其社会功能明显受损。

2.强迫障碍

强迫障碍也称强迫症。强迫障碍是表现为持续重复出现强迫观念和强迫行为等强迫症状,并伴有焦虑、痛苦等情绪反应的强迫及相关障碍。

强迫障碍的特点:强迫症状无论是强迫观念还是强迫行为均源于自我,且令自我不愉快和痛苦,但又违反自己意愿而徒劳克制,无力摆脱。

强迫障碍多起病于青少年期或成年早期。

强迫症患者的社会功能严重受损,也给家人造成巨大的精神痛苦。

①临床表现

临床表现为强迫观念和强迫行为。

强迫观念是指能感受到的反复的、持续的、闯入性的和不必要的想法、表象和冲动/渴望,是强迫症的核心症状,通常伴有明显的焦虑。强迫观念常见的表现:强迫性思考,反复思考某些毫无实际意义或虽有意义但不难解决的问题,如"人的头为什么不能像乌龟一样伸缩自如以获得有效的自我保护";强迫性对立思维,头脑里总是出现与他人相反的观念,如别人说"漂亮",便想到"丑陋";强迫性表象,头脑里常常呈现出不应该呈现的形象,如暴力场景的形象;强迫性怀疑,老是担心这个顾虑那个,如手是否洗干净、煤气是否关紧等;强迫性回忆,头脑里总是出现经历过的往事,挥之不去,如与某人相处时不愉快的情景;强迫性冲动/渴望,如想捣毁家用电器,或在公共场合想刺伤某人等,虽不会真正付诸行为,仅是一种具有伤害性的或会造成严重不良后果的内在驱使和意向,但仍强迫性地害怕自己会丧失自控能力等。

强迫行为是指缺乏现实合理性和明显是过度的重复行为或精神活动,这些重复行为或精神活动是为应对强迫观念以缓解焦虑或为达到所谓完美而根据严格规则被迫执行的表现。

强迫行为常见的表现:强迫性洗涤,如长时间反复洗手、洗澡等;强迫性检查,如反复检查门是否锁好、煤气是否关好等;强迫性排序,如按精确的方式归整物品等;强迫性仪式动作,如进家门必须先跨左腿等;强迫性计数,如上下楼每次都要数台阶等;强迫性默诵词语,如心中默念"行、行……"等;强迫情绪,如不必要地担心自己和家人会出车祸、会生重病以及不合情理地厌恶某种颜色、某种形状等。

②识别要点

a.强迫观念和强迫行为两者皆有,或至少有其中之一。患者常试图对强迫观念予以忽略或抵制,或者通过强迫行为以缓解强迫观念导致的焦虑,强迫行为则是为应对强迫观念而被迫执行的动作或精神活动。

b.强迫症状必须持续重复出现,每天几乎都要耗时至少 1 小时以上。

c.患者感到明显的焦虑和痛苦,社会功能明显甚至严重受到损害。

3.心境障碍

心境障碍又称情感性精神障碍,是指一组以心境显著而持久的高涨或低落为基本临床表现,并伴有相应的思维和行为改变,具有高患病率、高复发率、高自杀率和高致残性等特点的精神障碍。

心境障碍的临床表现为心境发作,包括躁狂发作、轻躁狂发作、抑郁发作和混合发作。躁狂发作和轻躁狂发作称为“躁狂相”,抑郁发作称为“抑郁相”。心境发作次数和模式构成心境障碍的诊断,但心境发作本身不能作为诊断类别。

(1)抑郁障碍

抑郁障碍是表现为以与其处境不相称的心境抑郁、兴趣/愉悦感缺失等情感性症状群为核心症状的抑郁发作的心境障碍。抑郁障碍也称抑郁症。

抑郁障碍的患病率很高,其中女性患病率是男性的 2 倍。

①临床表现

抑郁障碍的抑郁发作症状为情感性症状群以及认知-行为症状群和植物神经系统症状群。

a.情感性症状群:包括心境抑郁和兴趣/愉悦感缺失。

心境抑郁患者几乎每天的大部分时间都郁郁寡欢,愁眉不展,精神活动的所有方面都蒙上了乌云灰雾,感到悲伤、空虚、痛苦。心境抑郁通常有昼重夕轻(晨重晚轻)的节律。

兴趣/愉悦感缺失患者几乎每天的大部分时间对所有活动或几乎所有活动都缺乏兴趣或兴趣明显减少,完全没有兴趣上的动力,即使从事这些活动,在活动中也缺失快感,不会有乐趣。

b.认知-行为症状群:包括注意力难以集中、记忆力减退、思维迟缓;自我价值感低,过分自责或不适切的内疚感、无望感(患者常把心境抑郁归因于自己的无能、无助、无望);活着是家庭和社会的累赘,特定计划的自杀意念或企图,或有某种无特定实施计划的自杀、自伤行为等症状。

c.植物神经系统症状群:包括失眠(难以入睡、早醒等)或睡眠过多;在未节食情况下体重减轻或增加;疲乏、精力不足以及精神运动性抑制或激越(言语少、声音低,经常独坐一处,走路时行动缓慢,严重时出现呆坐、无言、不动,可达到对刺激没有反应或反应迟钝,对问话也只是微微点头或摇头作答的抑郁性木僵程度;或者唉声叹气、坐立不安和肢体活动过多等)。

抑郁障碍患者常感到痛苦,社会功能明显或严重受损,造成社交、学习、职业、生活等各项社会功能损害。

②抑郁障碍按发作次数、持续时间的分类

a.单次发作的抑郁障碍,即1次抑郁发作,没有躁狂或轻躁狂发作史。

b.复发性抑郁障碍,即多次抑郁发作,每次复发前均有过至少2个月症状基本缓解或完全缓解,已达不到抑郁发作的诊断标准的间隙期,从未有过躁狂或轻躁狂发作史。

c.恶劣心境障碍,持续存在但没有达到抑郁症状,症状数量与严重程度没有达到抑郁发作的诊断标准,症状持续时间至少已2年。如果恶劣心境障碍仍然存在,症状数量及严重程度已达到抑郁发作的诊断标准,则应同时诊断为恶劣心境障碍和单次发作抑郁障碍或复发性抑郁障碍。

d.混合性抑郁和焦虑障碍,在2周及以上时期的大部分时间同时出现抑郁和焦虑症状,但抑郁症状或焦虑症状数量、严重程度或持续时间不足以达到可以诊断为其他抑郁障碍或焦虑及恐惧相关障碍的诊断标准。

③抑郁障碍按抑郁发作的严重程度、社会功能受损程度和有无精神病性症状的分类

a.轻度抑郁障碍(轻抑郁)。轻度抑郁障碍符合抑郁发作的诊断标准,社会功能轻度受损,不伴有幻觉、妄想等精神病性症状,通常是抑郁障碍首次发病初期或慢性期的表现。

b.不伴精神病性特征抑郁障碍。不伴精神病性特征抑郁障碍符合抑郁发作的诊断标准,社会功能明显或严重受损,给本人造成痛苦或不良后果,无幻觉、妄想等精神病性症状。

c.伴精神病性特征抑郁障碍。伴精神病性特征抑郁障碍符合抑郁发作的诊断标准,社会功能严重受损,给本人造成痛苦或不良后果,伴有精神病性特征,具有讥笑性、辱骂性或命令性等幻听和自罪妄想、被害妄想等精神病性症状。

④识别要点

a.情感性症状群中的心境抑郁和兴趣/愉悦感缺失,至少存在其中1项症状,

同时,认知-行为症状群和植物神经系统症状群中至少存在 5 项症状。

　　b.符合抑郁障碍诊断标准的这些症状至少已持续 2 周(病程至少 14 天)。

　　c.除轻度抑郁障碍(轻抑郁)社会功能轻微受损外,其他抑郁障碍社会功能受损明显或严重。

　　d.从未有过躁狂或轻躁狂发作。

　　(2)双相障碍

　　双相障碍是表现为躁狂/轻躁狂发作或混合发作的心境障碍。

　　混合发作是指同时具有符合躁狂/轻躁狂发作和抑郁发作标准的显著躁狂症状群和抑郁症状群的心境发作,单次躁狂/轻躁狂发作不能进行独立诊断,躁狂或轻躁狂发作,或者表现出混合发作,都应诊断为双相障碍。混合发作是指至少在连续的 2 周内躁狂症状群和抑郁症状群循环转换,或者每天或 1 天之内快速转换。

　　①临床表现

　　双相障碍的临床表现主要为情绪高涨或易激惹,以及与情绪高涨相一致的精力旺盛和活动增加。

　　a.双相Ⅰ型障碍。双相Ⅰ型障碍是躁狂发作与抑郁发作循环出现的双相障碍。

　　心境高涨或易激惹:心境高涨或易激惹以心境高涨为多见,几乎每天的大部分时间里都显得兴高采烈、扬扬自得,甚至欣喜若狂,具有明显的夸张色彩;也可仅表现为易激惹,蛮不讲理、易发怒冲动甚至毁物。但心境高涨与易激惹兼而有之也不少见。

　　精力旺盛和活动增加:几乎每天的大部分时间里动作行为明显增多,心理活动(精神活动)普遍增强,自感精力充沛,有使不完的体力,整天忙碌,难以安静,兴趣虽广泛但无定性,行事鲁莽轻率而不顾后果。

　　同时,临床症状还有夸大观念或自尊心过强、失眠或睡眠时间明显减少、过分健谈或有持续说话的压力感、思维奔逸(思维活动量的异常增多、思维速度的异常加快或思维内容的异常变换)、注意随境转移(注意力极易被外界不重要或无关的刺激所吸引)、社交等有目标的活动明显增多或精神运动性激越(进行无目的、无目标的活动)、过度参与会导致痛苦的活动(疯狂购物、盲目投资从事商业等活动)以及进食无度、性欲亢进等。

　　只有在几乎每天的大部分时间里心境高涨或易激惹、精力旺盛和活动增加症状具备的条件下,同时至少伴有夸大观念或自尊心膨胀、失眠或睡眠时间明显减少、过分健谈或有持续说话的压力感、思维奔逸、注意随境转移、有目标的活动明显增多或精神运动性激越、过度参与会导致痛苦的活动等症状中的3项(如果心境高涨或易激惹症状仅表现为易激惹,则至少伴有其中的4项),且症状持续时间至少1周,才能诊断为躁狂发作。

躁狂发作也可伴有精神病性特征(伴有幻觉、妄想等精神病性症状,如言语性幻听和夸大妄想、被害妄想等)。

躁狂发作时通常自知力丧失,严重损害社会功能或给别人造成危险和不良后果。

抑郁发作的临床表现主要为情感性症状群中的心境抑郁和兴趣/愉悦感缺失,以及精神运动性抑制或激越、疲惫和精力不足、内疚和毫无价值感、思维和注意能力减退、失眠或睡眠过多、体重减轻或增加、反复出现自杀意念或自杀行为等,情感性症状群中的心境抑郁和兴趣/愉悦感缺失至少存在其中1项症状,认知-行为症状群和植物神经系统症状群至少存在5项症状,才符合抑郁发作的诊断标准。

目前符合躁狂发作的诊断标准,以往至少有过1次符合诊断标准的抑郁发作,或者目前符合抑郁发作的诊断标准,以往至少有过1次符合诊断标准的躁狂发作,可诊断为双相Ⅰ型障碍。

目前为躁狂发作的双相Ⅰ型障碍或目前为抑郁发作的双相Ⅰ型障碍,严重时都可伴有精神病性特征。

b.双相Ⅱ型障碍。双相Ⅱ型障碍是轻躁狂发作与抑郁发作循环出现的双相障碍。

轻躁狂发作同躁狂发作临床症状相同,但症状轻微。在几乎每天的大部分时间里心境高涨或易激惹、精力旺盛和活动增加症状具备的条件下,同时至少伴有夸大观念或自尊心膨胀、失眠或睡眠时间明显减少、过分健谈或有持续说话的压力感、思维奔逸、注意随境转移、有目标的活动明显增多或精神运动性激越、过度参与会导致痛苦的活动等症状中的3项(如果心境高涨或易激惹症状仅表现为易激惹,则至少伴有其中的4项),且症状持续时间至少4天,才能诊断为轻躁狂发作。

轻躁狂发作不伴有精神病性特征,如果伴有精神病性特征,则应该诊断为躁狂发作。

轻躁狂发作有轻微的社会功能受损。

抑郁发作的临床表现与双相Ⅰ型障碍中的抑郁发作临床表现相同。

目前符合轻躁狂发作的诊断标准,以往至少有过1次符合诊断标准的抑郁发作,或目前符合抑郁发作的诊断标准,以往至少有过1次符合诊断标准的轻躁狂发作,可诊断为双相Ⅱ型障碍。

c.环性心境障碍。环性心境障碍是指至少在2年中的大多数时期内心境不稳,循环出现轻躁狂和抑郁症状,但轻躁狂症状不符合轻躁狂发作的诊断标准,抑郁症状也不符合抑郁发作的诊断标准。临床表现为反复出现心境高涨或抑郁,一次或几次心境高涨后,出现一次或几次心境抑郁;或者一次或几次心境抑郁后,出现一次或几次心境高涨,但均不符合双相障碍的诊断标准。病程至少已持续2年(儿童和青少年为1年),在2年内(儿童和青少年在1年内)一半以上时间出现轻躁狂症状与抑郁症状,其间可有数周心境正常间歇期,但每次无轻躁狂症状与抑郁症状的间歇期不会超过2个月。

环性心境障碍如果在病程过程中出现了符合诊断标准的轻躁狂或躁狂发作或混合发作,则应更改诊断为双相障碍。

环性心境障碍患者的社会功能在一定程度上受损,患者感到痛苦。

②识别要点

a.躁狂发作与抑郁发作的循环出现为双相Ⅰ型障碍、轻躁狂发作与抑郁发作的循环出现为双相Ⅱ型障碍、轻躁狂症状与抑郁症状循环出现,但不符合轻躁狂发作与抑郁发作诊断标准为环性心境障碍,躁狂发作可伴有精神病性特征,轻躁狂发作不伴有精神病性特征。如果轻躁狂发作伴有精神病性特征,则应诊断为躁狂发作。如果环性心境障碍在病程过程中出现了符合诊断标准的轻躁狂或躁狂发作或混合发作,则应更改诊断为双相障碍。

b.躁狂发作和轻躁狂发作临床症状相同,但躁狂发作的症状,至少须持续1周,轻躁狂发作的症状相对轻微,症状至少须持续4天,环性心境障碍症状至少已持续2年(儿童和青少年为1年)。

c.如果双相Ⅱ型障碍中的轻躁狂发作达到了躁狂发作的诊断标准,则应诊断为双相Ⅰ型障碍。

4.应激相关障碍

应激相关障碍是一组由创伤性事件或其他应激源直接引起的精神障碍,创伤性事件和其他应激源是导致应激相关障碍的直接原因。

（1）急性应激障碍

急性应激障碍是表现为由实际或被死亡威胁等严重创伤性事件即刻引起闯入性症状等的应激相关障碍。通常在创伤性事件后数分钟至数小时起病，多数会在1小时之内起病。

实际或被威胁死亡的严重创伤性事件是指暴力性事件、严重事故，如遭受强暴、被人霸凌虐待、身受酷刑、车祸、遭绑架等。这些严重创伤性事件可以是亲身经历、目睹死亡，或接到过死亡威胁信息，也可以是反复接触暴力性事件、严重事故细节（如反复接触死亡人员等），甚至是获悉亲朋好友遭遇实际的严重创伤性事件的信息。

①临床表现

临床表现为闯入性症状、负性心境、解离症状、回避症状和唤起症状。

闯入性症状：非自愿反复地在脑海中闪回和呈现创伤性事件的痛苦经历和体验；反复做相关的伴有痛苦情绪的梦；对象征或类似创伤性事件的信息产生强烈的精神痛苦和脸色苍白、心悸和发抖等明显的生理反应。

负性心境：情绪低落，不能感受到愉悦、满足、爱与被爱等体验的正性情绪。

解离症状：解离性遗忘，不能回忆创伤性事件的重要过程和细节；意识不到真实的自身（人格解体）或真实的现实环境（现实解体），神情恍惚，仿佛自己是个旁观者或处在梦境中。

回避症状：竭力回避创伤性事件及其痛苦体验的思绪、感受和记忆；竭力回避能够想起创伤性事件及其痛苦体验的相关的人、对话、物体、场所、情景和活动等。

唤起症状：失眠障碍，难以入睡、易醒、醒后不解乏等；易激惹，无缘无故发怒等；注意力难以集中和稳定；警觉性过高；过度的惊跳反应等。

患者感到痛苦，社会功能受损。

②识别要点

a.由暴力性事件或严重事故等实际或被威胁死亡的创伤性事件直接引起，起病急速。

b.闯入性症状、负性心境、解离症状、回避症状和唤起症状等5种症状类别中诸多具体症状，至少具有9项具体症状临床表现。

c.症状持续时间至少3天~1个月。

d.患者感到痛苦,社会功能受损。

(2)创伤后应激障碍(PTSD)

创伤后应激障碍是表现为创伤性事件发生后持续一段时间满足诊断标准的全部症状的应激相关障碍。

导致创伤后应激障碍的创伤性事件是具有异乎寻常的威胁性、灾难性的暴力性事件或严重事故等,这些创伤性事件包括引起急性应激障碍的那些现实的创伤性事件,但更注重创伤性事件的灾难性和对生命的威胁性,更注重创伤性事件的严重性在引起创伤后应激障碍中的影响和作用。如遭受强暴、被人霸凌虐待、身受酷刑、车祸、遭绑架、战争、恐怖袭击以及地震、海啸、泥石流、洪水、火灾等天灾人祸。

创伤后应激障碍的某些症状在创伤性事件发生后可能会即刻出现,但符合创伤后应激障碍诊断标准的全部症状,则通常要在创伤性事件发生后数天、数周甚至数月,有的可能会延迟超过6个月才会满足。整个病程少则一年半载,长则可达数年而成慢性病程。

①临床表现

创伤后应激障碍的临床表现为闯入性症状、持续性回避、认知与心境负性改变、反应性敏感与警觉性提高。

闯入性症状:非自愿反复地在脑海中闪回和呈现创伤性事件的痛苦经历和体验;反复做相关的伴有痛苦情绪的梦;对象征或类似创伤性事件的信息产生触景生情的强烈的精神痛苦和脸色苍白、心悸及发抖等明显的生理反应。

持续性回避:持续性竭力回避创伤性事件及其痛苦体验的思绪、感受和记忆;竭力回避能够想起创伤性事件及其痛苦体验的相关的人、对话、物体、场所、情景和活动等。

认知与心境负性改变:不能回忆创伤性事件的重要过程和细节;他人不可信任、自己很坏和社会现实绝对危险等持续的夸大的负性信念;对创伤性事件的原因与结果的持续性的认知歪曲,导致不断地自责或指责他人;紧张、担心、忧虑、恐惧、内疚、羞愧和愤怒等持续的负性情绪;对重要活动兴趣和参与度降低,甚至不感兴趣也不参与;疏远或脱离人际交往,喜欢独处,对亲人冷淡,也不愿与人交往;持续地无法感受和体验到愉悦、满足、爱与被爱等积极的正性情绪。

反应性敏感与警觉性提高:易激惹,无缘无故发怒;冲动,行为不计后果,常出现自伤、自残等自我毁灭行为;警觉性过高,过分的担惊受怕;过度的惊跳反应;注意力集中困难和难以稳定;失眠障碍,难以入睡、易醒、醒后不解乏等。

此外,也可伴有解离症状,出现人格解体和现实解体,意识不到真实的自身和真实的现实环境,神情恍惚,仿佛自己是个旁观者或者处在梦境中,周围环境都是虚幻的、扭曲的。

患者感到痛苦,社会功能受损。

②识别要点

a.由具有异乎寻常的威胁性、灾难性的暴力性事件或严重事故等创伤性事件直接引起。

b.4 种症状类别的诸多临床表现中所述的具体症状,闯入性症状至少 1 项、持续性回避症状至少 1 项、认知与心境负性改变症状至少 2 项、反应性敏感与警觉性增高症状至少 2 项。

c.症状持续时间至少超过 1 个月。

d.患者感到痛苦,社会功能受损。

(3)适应障碍

适应障碍是表现为应激源直接引起情绪或行为变化的应激相关障碍。

应激源是指生活环境或社会地位改变等各种生活事件或困难处境,如丧偶、家庭成员不和睦、异地或异国求学、职场或职务变动、事业不顺或挫折、人际矛盾、离退休等。但患者的人格问题或人格缺陷也与之有着密切的关系,即适应障碍由生活事件或困难处境等应激源与患者一定的人格问题或人格缺陷共同起作用导致,两者几乎在适应障碍的起病上起着同样重要的作用。

适应障碍通常在生活事件或困难处境等应激源出现后 1 个月内发生。

患者明显感到痛苦,痛苦程度与应激源的严重程度或强度明显不相称,社会功能受损。

①临床表现

临床症状以抑郁、焦虑情绪或行为紊乱症状为主,分为抑郁型、焦虑型、行为紊乱型和混合型,其中抑郁型、焦虑型和某些混合型通常伴有适应不良的行为问题或躯体症状。

抑郁型:心境低落、忧伤易哭、无能为力甚至悲观绝望等。

焦虑型:烦恼、害怕、紧张、躁动不安、神经过敏、惶惶不知所措、分离焦虑等。

行为紊乱型:行为过分或冲动、杂乱或目的不明,常令人诧异,甚至还可能出现斗殴、破坏公物、偷盗、目无法纪等破坏规章制度、侵犯他人权利和社会公德等行为。

混合型:抑郁型和焦虑型的混合、抑郁型与焦虑型和行为紊乱型的混合以及无突出症状可诊断为上述各型的混合型(行为退缩型、学习工作能力减弱型等)。

适应不良的行为问题表现为不与人交往、不参加社会活动等自我封闭的退缩行为和不注意卫生、生活无规律;躯体症状表现为睡眠不佳、食欲不振、疲乏无力、头痛头晕等躯体不适。

②识别要点

a.由生活事件或困难处境(生活环境或社会地位改变)的应激源(并非创伤性事件)和患者一定的人格问题或人格缺陷导致。

b.症状至少已持续3个月。

c.患者明显感到痛苦,痛苦程度与应激源的严重程度或强度明显不相称,社会功能明显受损。

5.人格障碍

人格障碍是人格特征明显偏离正常的持久、稳定和广泛的心理行为模式。这种心理行为模式通常是原发性的。如果人格特征明显偏离正常继发于躯体疾病,则应在人格障碍诊断中标明"其他躯体疾病所致的人格改变"。

人格障碍通常起病于青少年时期或成年早期,在人际交往场合中通过认知、情绪和行为等诸多方面表现出来。

人格障碍患者社会功能受损,明显或严重影响人际关系,使自己感到痛苦或使他人蒙受损害。

轻度的人格偏离,虽然在一定程度上也干扰影响了社会功能,但不能诊断为人格障碍,而应描述为具有某种轻度偏离的人格特质,例如具有偏执性人格特质(性格偏执)等。

(1)偏执性人格障碍

偏执性人格障碍是表现为对他人不信任且敏感多疑和极易记恨的人格障碍。

①临床表现

没有足够根据即猜疑他人对自己进行欺骗和伤害,以致过分警惕而成天提防他人的所谓"暗算"和耍弄"阴谋诡计"。

怀疑熟人(同学、同事、朋友等)对自己的忠诚和信任,不轻易信任他人,唯恐他人利用自己的信息来加害自己。

对他人的善意言语或事件赋予贬低或威胁自己的含义,常将遇到的挫折和失败归咎于他人。

不能原谅他人的轻视、拒绝、侮辱和伤害,且持久地心怀怨恨,耿耿于怀,经年累月纠缠不休。

对自己的名誉或人格受到所谓的"打击"非常敏感,并会迅速作出愤怒反应或报复举动。

毫无根据地反复猜疑配偶或恋人对自己不忠等。

此外,患者也好争辩且固执己见,自负、偏激、无自知之明。

②识别要点

a.至少具有临床表现中的4项症状。

b.起病于成年早期。

(2)反社会性人格障碍

反社会性人格障碍是表现为违背社会规范的危害性行为的人格障碍。

①临床表现

无视和不遵守社会道德规范,极端自私,冷酷无情,缺乏起码的同情心,常常对他人甚至亲友作出令人痛苦的残酷举动,如恶狠狠地谩骂父母和殴打配偶、恶意地诽谤和陷害亲友、残忍地虐待他人和动物等。

为了个人利益和乐趣而说谎、欺骗和敲诈他人。

情绪和行为冲动,行动往往凭心血来潮,事前没有周密的考虑或计划,想干什么就干什么。

易激惹和具有攻击性,动辄谩骂或斗殴;鲁莽地漠视他人安全,也不顾自身安全。

一贯不承担义务和责任,不照顾妻儿也不赡养父母,不愿坚持工作而屡次无故更换工作岗位。

从不内疚和自责,对偷窃或虐待、伤害他人行为毫无悔改之心,给人一种屡教屡犯、无可救药的感觉。

②识别要点

a.至少具有临床表现中的3项症状。

b.起病于 15 岁,15 岁前已出现品行障碍,但反社会性人格障碍诊断的年龄至少已 18 岁。

(3)边缘性人格障碍

边缘性人格障碍是主要表现为自我形象或自我感觉上的身份紊乱、人际关系紧张和不稳定、潜在的自我损伤性冲动以及反复的自残或自杀行为等的人格障碍。

①临床表现

自我形象或自我感觉上的身份紊乱:自我形象矛盾是自我同一性混乱的表现,是个人的内部状态与外部环境整合和协调一致的破坏,是对自己本质特征以及观念、行为等一生中重要方面前后一致的意识的破坏。例如患者明明是正常的异性恋者,却常常莫名其妙地怀疑自己可能有同性恋倾向等。

人际关系紧张和不稳定:把人际关系极端理想化或极端贬低,且交替波动变化。例如开始厌烦眷爱的人,疏远自己所依赖的人,但又不能忍受孤独,常有莫名的失落感,且交替波动变化,使人际关系显得紧张和极不稳定。

潜在的自我损伤性冲动:常通过盲目消费、酗酒、危险驾驶和暴饮暴食等对身体有明显伤害甚至危及生命的行为表现出来,缺乏应有的警惕性。

反复的自残或自杀行为:同样具有明显的冲动性,有时也会摆出自杀的姿态或发出自杀的威胁。

同时还存在以下一些症状:

a.情绪不稳定,情绪转换无常,受到负性刺激或者遇到挫折,瞬间就会由正常情绪转为易激惹性激动、焦虑、烦躁或抑郁,通常会持续数小时。

b.竭力避免自己想象中或实际上的被遗弃。

c.持续的慢性空虚感。

d.不恰当又难以自控的经常发脾气、强烈而持续的愤怒和反复的斗殴。

处于应激状态时出现短暂的偏执观念或严重的解离症状等。

②识别要点

a.至少具有临床表现中的 5 项症状。

b.起病于成年早期。

(4)自恋性人格障碍

自恋性人格障碍是表现为渴望他人重视和赞赏、缺乏共感(共情)、傲慢和充满不切实际幻想的优势观念(先占观念)的人格障碍。

①临床表现

具有自我重要性的夸大感,认为自己聪明才智过人、能力超群、成就非凡,即使目前还未成功,也渴望被他人认为是优胜的成功者。

充满不切实际的幻想,幻想无比智慧、无限成功、无上权力、无穷人脉和无与伦比的美丽爱情等,且已成为优势观念(先占观念)。

自以为与众不同和特殊,也只能为与众不同和特殊的人所理解且与之交往;渴望他人重视和赞赏,且要求过度。

权力感明显,期望他人顺从和获得特殊的优待;为了达到目的而捉弄、欺侮和剥削他人。

缺乏共感(共情),不愿认同或无视他人需求和感受,常借口他人不会在意;妒忌他人或认为他人妒忌自己。

高傲,行为和态度傲慢无礼。

②识别要点

a.至少具有临床表现中的 5 项症状。

b.起病于成年早期。

(5)强迫性人格障碍

强迫性人格障碍是表现为墨守成规、固执僵化和苛求完美的人格障碍。

①临床表现

因循守旧,过分注重规则、细节、顺序等而忽视活动的目标与要点,缺乏利用时机、随机应变的能力。

苛刻地追求完美,凡事都必须很早以前就要对每个细节作出计划,小心翼翼,唯恐不够完整、完美,即使计划考虑已很周密且已面面俱到,但仍感到不完善和不放心,以致达不到自己规定的严格要求而无法完成活动任务。

除非他人遵循自己的习惯或按部就班的特定方式去做,否则不愿将活动任务委托他人或与他人合作完成,即使独自完成活动任务,也会反复核查,唯恐出现疏漏或差错,如必须与他人合作,则显得极为专制。

对职业活动及其成效过分沉迷,以致无暇顾及朋友交往和文娱等活动。

观念行为固执僵化,刻板机械,看问题的方法一成不变。

对恪守伦理道德或价值观念过分在意和谨慎,缺乏弹性,常常难以适应新的情况。

不愿丢弃已无任何价值也无纪念意义的物品。

为应付未来不时之需存钱而对自己和他人过分节俭和吝啬。

②识别要点

a.至少具有临床表现中的 4 项症状。

b.起病于成年早期。

6.精神分裂症

精神分裂症是表现为幻觉、妄想、思维紊乱、被影响/被动/被控制和行为紊乱等"阳性症状"和思维贫乏、情感淡漠等"阴性症状"以及精神运动性症状等的严重精神病性障碍。

"阳性症状"是指精神功能亢进的精神病性症状,"阴性症状"则是指精神功能衰退症状。"阳性症状"是精神分裂症诊断时的必需症状,只有阴性症状而没有阳性症状,不能诊断为精神分裂症。

精神分裂症的病因迄今未明,一般认为遗传是精神分裂症的主要病因。近期国外也有学者通过实验研究发现各种原因导致的基因突变,以及母亲在怀孕初期感染病毒可能使胎儿大脑神经细胞错位也是精神分裂症的重要病因。

①临床表现

"阳性症状"的临床表现主要是幻觉、妄想、思维紊乱、被影响/被动/被控制和行为紊乱等。

幻觉:主要是言语性幻听,反复多次听到报道性、评论性或命令性等的人语声,例如听到有人对自己的行为作实况转播式的报道、听到有两人一褒一贬地对自己品头论足、听到有人命令自己做这做那等。其他幻觉通常只有伴随妄想一起出现时才有诊断价值。

妄想:最常见的有被害妄想、关系妄想和控制妄想。被害妄想是坚信自己被人以某种方法迫害或伤害,例如荒诞地坚信所有人都在迫害或伤害自己等;关系妄想是坚信与自己毫无关系的事情都是针对自己的,都在刺激自己,例如坚信被人跟踪、到处有人在议论自己等;控制妄想是坚信自己的思想、行动和感情都受到外力影响或由外力支配,例如自己的一颦一笑、一举一动都被他人或仪器、鬼神等控制,自己完全不能自主。此外,也可有坚信自己的配偶不忠而跟踪盯梢、偷看微信私聊等以获取证据,即使不能证实也依然坚信如故的嫉妒妄想等。

思维紊乱:最常见的有思维散漫、思维中断。思维散漫表现是思维松弛、内容散乱。如果用言语叙述思维内容,则言语散乱,看似侃侃而谈,但言语结构松弛,段与段之间散漫无序、句与句之间互不相关、词与词或字与字之间不能组成完整句子,语无伦次,使人无法听懂或理解。思维中断表现是谈话时思路突然中断,不能再接下去谈原来的问题,或者接下去谈的是另一个问题,感到自己的思想突然消失,为外力所夺。象征性思维表现是把象征和现实混淆起来,把象征当作现实,例如用一只眼睛看人可以"一目了然"。

被影响/被动/被控制:感到被动,自己的内心体验、冲动、思维过程和内容等受外界力量影响或被外界力量所控制。

行为紊乱:行为奇特、举动怪异、无指向性和目的性。例如傻笑、莫名其妙地手舞足蹈、津津有味地吃各种脏东西、漫无目的地乱走等。

"阴性症状"的临床表现主要是思维贫乏、情感淡漠、意志减退以及快感缺乏和社会性减退等。

思维贫乏:思维内容空洞、联想贫乏,对问话常不作答或回答说不知道,如回答也只是表面上的应付,例如,问"老虎头上拍苍蝇是何意思?"则答"消灭苍蝇搞好卫生。"

情感淡漠:脸面呆板、语言单调,对任何刺激都缺乏必要的情感反应,例如对其切身利益紧密相关的事物漠不关心,对欢乐、愤怒、恐惧等情境刺激无动于衷。

意志减退:意志行动明显减少甚至丧失,凡事犹豫不决、左右为难,或思想、行为易受他人暗示而不加思考,甚至终日呆坐或卧床睡觉,或者闲逛。

快感缺乏:对什么都不感兴趣,对原先的爱好也兴趣索然,参加任何活动都毫无快感。

社会性减退:尽量回避或不参加任何人际交往活动,喜欢独居斗室、闭门不出。

精神运动性症状的临床表现是精神运动性兴奋和精神运动性抑制。

精神运动性兴奋:精神活动(心理活动)普遍增强,动作行为明显增加。例如坐立不安、乱动、机械地来回徘徊、动作无目的、做鬼脸等。

精神运动性抑制:精神活动(心理活动)普遍减弱或阻滞,动作行为明显减少或丧失,意志行动与随意行动之间的关系受到破坏。例如紧张性木僵、蜡样屈曲、缄默等。

此外,也伴有抑郁症状、躁狂症状和认知症状(注意、分析、归纳、判断、区分、记忆和定向等方面症状)。

精神分裂症发作期自知力缺失,不能识别精神病性的病态行为,不承认自己患有精神病性障碍,也不愿意接受治疗,缓解期自知力可恢复。

患者社会功能严重受损。

②识别要点

a.阳性症状、阴性症状、精神运动性症状、抑郁症状、躁狂症状和认知症状中至少要有 2 项症状,其中 1 项必须是幻觉、妄想、思维紊乱、被影响/被动/被控制等 4 项阳性症状中的 1 项,另 1 项症状可以是其他阳性症状或阴性症状或精神运动性症状等,如果只没有阳性症状,则不能诊断为精神分裂症。

b.活动期症状至少已持续 6 个月,其中符合精神分裂症诊断标准的活动期症状至少已持续 1 个月,6 个月中可包括前驱期或残留期症状,前驱期或残留期症状是指仅有阴性症状或轻微的符合精神分裂症诊断标准的活动期症状。

c.符合精神分裂症诊断标准的活动期症状持续不足 1 个月,应诊断为其他特定的原发性精神病性障碍;仅有妄想(同时也可能伴有与该妄想内容相关的幻觉),且持续时间至少已 3 个月,但不符合精神分裂症的诊断标准,应诊断为妄想障碍。

d.社会功能严重受损,发作期自知力缺失,缓解期自知力可恢复。

7.儿童精神障碍

(1)儿童学校恐惧障碍

儿童学校恐惧障碍也称儿童学校恐惧症,是表现为对学校环境或到学校上学产生恐惧、焦虑情绪和回避行为,而在非学校环境或不去学校上学时表现正常的焦虑及恐惧相关障碍。

儿童学校恐惧障碍可发生于任何年龄,但多见于学龄初期的小学儿童,如发生在青少年期,情况多较为严重。

儿童学校恐惧障碍的直接诱因常常是学习困难或失败、在学校遭到某些挫折和侮辱、师生关系或伙伴关系紧张、家庭发生某些变故等。

①临床表现

儿童学校恐惧障碍临床表现的特点是到学校上学存在持久的恐惧、焦虑和回

避行为,以及在学校环境里出现痛苦、哭闹或不语、躯体不适、退出等反应。具体表现为:

a.该上学时不去上学,或者提出苛刻的条件,或者诉说出现头痛、头晕、腹痛、腹泻、恶心、呕吐等躯体不适症状(医学检查相应器官系统无阳性指标)以拒绝上学。如果强制上学,则会出现焦虑不安、痛苦、喊叫、吵闹、反抗等情绪反应。任何保证、安抚或许以物质奖励均不能吸引患儿去上学,甚至宁愿在家受皮肉之苦也不愿去学校。

b.在学校环境里,则焦虑、痛苦等情绪反应更为强烈,头痛、头晕、腹痛、腹泻、恶心、呕吐等躯体不适症状也更为严重(医学检查相应器官系统无阳性指标),并千方百计吵着要离开学校。

c.不去上学或不在学校环境,一切表现正常。

d.患儿社会功能受损,明显影响学业。

②识别要点

a.具有到学校上学恐惧、焦虑和回避行为,以及在学校环境里出现痛苦、哭闹或不语、躯体不适、退出等反应。

b.在家里等非学校环境或不去上学可表现正常。

c.症状至少已持续 4 周(但不包括最初入学的第 1 个月,因有可能对学校不适应)。

d.社会功能受损,明显影响学业。

(2)注意缺陷/多动障碍

注意缺陷/多动障碍是表现为注意缺陷、多动-冲动的神经发育障碍。

注意缺陷/多动障碍多见于 12 岁前儿童和青少年,也可见于成人。

①临床表现

注意缺陷:注意集中困难,持续时间短暂,经常忽视或遗漏细节,学习、工作粗心大意而出错;经常难以稳定和维持注意力,学习、工作等各种活动注意力分散,即便在游戏时也是如此;经常在同其讲话时感到明显的心不在焉,似听非听;经常在做作业、执行工作任务时不按照要求或指令,极易分神;经常难以组织活动和管控任务,活动、学习、工作没有条理和头绪,显得极其凌乱,缺乏时间观念,做事拖拉,难以如期完成各项任务;经常回避、厌恶、拒绝需要持续注意和坚持的任务,不愿连续背外语单词、不想阅读冗长的课文和文章等;经常丢失必需的物品,如丢失铅笔、课本、资料、文件、钥匙、钱包、手机等;经常受外界的细微干扰而走神,极易受外界的影响;经常在活动中忘事,忘了做作业、外出办事、聚会、回电话(回短信、微信或电子邮件)、付账单等。

多动-冲动:活动过多和行为任性:经常在座位上扭来扭去,不断做小动作或不停地敲打桌面;经常无缘无故地离开座位甚至离开教室、办公室和其他活动场所;经常坐立不安,在不适当的场合随处跑动、爬上爬下,在危险场合行事鲁莽;经常不能安心地游戏,不能专心地操弄平板电脑和智能手机;经常动个不停,无法在教室、会议室、餐厅等场所长时间不乱动;经常喋喋不休,说个不停,甚至大声叫喊;经常抢话或他人问话尚未说完就急不可耐地抢着回答;经常难以按顺序活动,难以耐心地排队等待轮换;经常干扰他人活动,破坏活动规则,喜欢招惹他人,无故推搡他人,不经同意就擅自使用他人东西等。

注意缺陷/多动障碍可分为注意缺陷-多动/冲动组合型、注意缺陷为主型和多动/冲动为主型。

注意缺陷/多动障碍根据症状和社会功能受损严重程度可划分为轻度、中度和重度。

②识别要点

a.在家里、学校、职场和其他活动场合至少有2个场合存在注意缺陷/多动障碍症状。

b.注意缺陷症状和多动-冲动症状在上述临床表现的症状描述中至少各具有6项症状,17岁及以上青少年和成人则至少各具有5项症状。

c.注意缺陷症状和多动-冲动症状均符合症状诊断标准为注意缺陷-多动/冲动组合型;注意缺陷症状符合症状诊断标准,多动-冲动症状不符合症状诊断标准为注意缺陷为主型;多动-冲动症状符合症状诊断标准,注意缺陷症状不符合症状诊断标准为多动/冲动为主型。

d.起病于12岁前,症状至少已持续6个月。

e.学习、职业和社交等社会功能受损。

(3)慢性发育性抽动障碍

慢性发育性抽动障碍是表现为突然的、快速的、反复的、非节律性的运动抽动或发声抽动的神经发育障碍。

起病于18岁前,多数起病于4~7岁的学龄前期。

①临床表现

运动抽动：首发部位常为面部肌群的简单运动抽动，如挤眼、皱眉、噘嘴、龇牙、咬唇、擤鼻等。如果逐渐向颈项、肩部、上下肢、躯干等肌群延伸，则可出现引颈、耸肩、触物、拍打、踢脚、弯膝、走路旋转等复杂运动抽动。

发声抽动：开始时也仅表现为简单发声抽动，如清嗓、无故喊叫、轻微哼哼声，以后则也可能出现动物般吼叫、重复言语（即不断重复每句话的最后一个字或词，如“我想喝水水水水水水……”“天上有个太阳太阳太阳太阳太阳太阳……”）、污言秽语等复杂发声抽动。

运动抽动和发声抽动不一定同时存在，但严重时可同时出现，症状轻者可自控，但也仅能克制数分钟至数小时，入睡时可消失，重者常与冲动性动作同时存在，可产生严重自伤的后果。

慢性发育性抽动障碍可分为持续性（慢性）运动或发声抽动障碍和 Tourette’s 障碍两种亚型。

a.持续性（慢性）运动或发声抽动障碍，多数表现为单一或多种的复杂运动抽动，但常局限于脖子伸直或扭动、耸肩等，少数也可表现为单一或多种的复杂发声抽动。运动抽动和发声抽动一般也不会同时出现，抽动症状与强度固定不变，且至少已持续 1 年，在症状持续的 1 年中不会出现持续 2 个月及以上没有抽动症状的缓解期，患儿感到痛苦，社会功能受损。

b.Tourette’s 障碍，也称多种运动与发声联合抽动障碍。表现为多种运动抽动与单一或多种发声抽动并存的联合抽动，多数为大幅度扭动肢体躯干等复杂的运动抽动与重复言语等复杂的发声抽动，但联合抽动并不一定是运动抽动和发声抽动同时出现。可伴有强迫计数、洗涤等某些强迫行为和污言秽语以及咬舌、挖破皮肤甚至毁容等自伤行为，近一半患儿可伴有注意缺陷/多动障碍。症状至少已持续 1 年，在症状持续的 1 年中不会出现持续 2 个月及以上没有抽动症状的缓解期，患儿极其痛苦，社会功能受损。通常起病于学龄初期的小学阶段。

②识别要点

a.具有运动抽动或发声抽动症状，一天内出现多次，也可间隙出现。

b.18 岁前起病，如果 18 岁后起病，则应诊断为其他特定的抽动障碍，并标注起病年龄。

c.患儿感到痛苦，社会功能受损。

❓ 思考题

1.如何界定心理健康?

2.心理健康有哪些基本特征?

3.评估心理健康与否的常用标准主要有哪些?

4.评估心理健康水平的发展标准有哪些本质特征?

5.内部心理活动失调和外部社会适应不良有哪些特点?

6.在精神病性障碍中,其精神病性症状的特征是什么?

7.通常情况下,由一定情景性刺激引起的消极情绪,需要满足什么条件才能判别为一般心理问题中的情绪问题?

8.场所恐惧症感到明显或强烈恐惧表现为什么样的担心?

9.社交焦虑障碍的识别要点有哪些?

10.广泛性焦虑障碍有哪些临床表现?

11.强迫障碍的特点是什么?

12.心境障碍是一组具有哪些特点的精神障碍?

13.抑郁障碍的抑郁发作症状包括哪几个症状群?

14.躁狂发作与轻躁狂发作有哪些不同?

15.创伤后应激障碍有哪 4 类症状?

16.适应障碍由哪两种几乎在起病上起着同样重要作用的因素导致?

17.偏执性人格障碍具有哪些临床表现?

18.边缘性人格障碍有哪 4 类症状?

19.精神分裂症中的"阳性症状"和"阴性症状"的含义是什么?

20.儿童学校恐惧障碍有哪些临床表现?

21.注意缺陷/多动障碍有哪三种类型?

22.持续性(慢性)运动或发声抽动障碍和 Tourette's 障碍两种亚型在临床表现上有什么区别?

本章参考文献

[1] 傅安球.实用心理异常诊断矫治手册[M].4 版.上海：上海教育出版社,2015.

[2] World Health Organization. The ICD-11 Classification of Mental and Behavioral Disorders. Clinical Description and Diagnostic Guideline. Geneva, Switzerland 2018, World Health Organization.

[3] American Psychiatric Association. Diagnostic and Statistical Manual of Mental Disorders[M]. Fifth Edition(DSM-5), Washington：APA,2013.

第四章
心理测评理论与应用

心理测评是对人的心理状况通过心理学的方法进行测量与评价,获得被测者的心理健康与否的结论。心理测评是心理诊断的基础,也是心理咨询与治疗的前提。

第一节　心理测评理论

一、心理测评的概念

1.什么是心理测评

心理测评是心理测量与评价的简称,是心理顾问运用心理学的理论、技术和方法,对心理服务对象的心理状态进行测量和评价,以确定其心理困扰与障碍的性质和程度的一种方法。

心理测评具有结果的多维性和评价标准多重性的特点。测评结果的多维性表现在心理测评可以从不同维度得出不同的测评结果。例如,可以从正常与不正常维度,也可以从分类与分型维度,还可以从评价与描述维度等。至于应该从什么维度进行心理测评,这应依据心理测评的目的来确定。

2.心理测评的意义

(1)可以提高精神疾病的临床评估的质量

精神疾病的诊断完全依靠生理指标会影响诊断的正确率,借助心理测评方法可有效提高精神疾病的临床诊断水平。

(2)心理测评是心理服务的前提

开展心理咨询与心理治疗,首先必须对心理服务对象有无心理问题、有什么类型的心理问题、其程度如何等问题作出回答,然后才能有的放矢地进行心理服务。要回答以上问题,必须对心理服务对象进行心理测评。

(3)有利于搞好心理问题的预防

开展心理健康教育和心理咨询工作应该以预防为主,争取在服务对象出现心理问题之前或在心理问题的萌芽状态就能及时发现,及时解决。开展心理问题的预防工作除了经常开展心理健康教育外,还应该经常对心理服务对象进行心理健康的普查工作,以便及时发现他们的心理问题,并在心理问题尚不严重时就予以解决。

二、心理测验的理论

(一)心理测验的概念

1.心理测验的定义

心理测验有许多不同的定义,在众多定义中,美国心理测量学家阿纳斯泰西(A.Anastasi)的定义得到较多人的认同,她说:"心理测验实质上是对一个行为样组的客观和标准化的测量。"

2.几个与心理测验有关的概念

①行为样组:指测验选择的一组有代表性行为。心理测验是一种间接的测量方法,是通过测量人的行为反应间接地推断人的心理。人的行为很多,我们不可能都加以测量,因此必须根据测量目的,选择一部分有代表性的行为加以测量,这一组经选择加以测量的行为就是行为样组。

②标准化:是指测验的编制、实施、记分、解释等程序的一致性。标准化是保证测验客观性和可比性的前提,标准化水平是影响测验质量的重要因素。

③客观性:测验不受主观支配,做到真实客观。客观性的一个衡量标准就是可重复性。提高测验的标准化水平是保证测验客观性的前提。

④常模:指一个测验在标准化样本上的分数分布。常模资料中样本平均分和标准差 $(\sigma = \sqrt{\sum (x - \bar{x})^2 / N})$ 是最重要的,如果分数分布是正态的,那么只要有这两个统计量就可把握整个测验分数的分布。

(二)经典心理测验理论

心理测验有三大理论,即经典测验理论、概化理论与项目反应理论。因概化理论与项目反应理论较复杂,故本章只讨论经典测验理论(若对其他两种理论有兴趣可阅读顾海根著《应用心理测量学》,北京大学出版社,2010 年版）。

1. 经典测验理论的基本公式

经典测验理论也称真分数理论,这一理论将测验分数用以下公式表示：

$$X = X_T + X_E$$

上式中 X 表示直接获得的测量值,称为实测分数或观测分数,X_T 表示假设测量中没有误差而获得的纯正分数,称为真分数。X_E 表示实测分数与真分数的差,被称为测量误差。

2. 平行测验

以相同的程度测量同一心理特质的测验称为平行测验。其内容和形式既可能完全相同（如同一测验重复施测）,也有可能存在某种差异,但要求能以相同的程度测量同一心理特质。用统计学来表达,用两个测验来测量同一心理特质,如果二者的测量误差方差相等,那么这两个测验就是平行测验。

3. 随机误差与系统误差

（1）随机误差

随机误差是使用测量工具进行心理测量时,由与测量目的无关的、偶然变异引起的误差,又称观察误差、测量误差、偶然误差。引起随机误差的因素往往很多且无法完全确定,造成的影响事先是不确定的,不论是方向（增大或减小）,还是大小,在测量前都是无法预测的。

（2）系统误差

系统误差是由与测量目的无关的变异引起的一种恒定而有规律的效应。从造成系统误差的因素看,它是由 1 个或几个有限因素造成的;从造成误差的结果看,无论方向或大小都是恒定的。只要查明原因,系统误差是完全可以消除的。

4. 经典测量理论的基本假设

经典测量理论提出以下基本假设,这是经典测量理论的逻辑前提。

假设一:在讨论范围内,真分数具有某种程度的稳定性,即真分数不变,是常数。

假设二：误差分数的期望值为 0。

由于 X_E（随机误差）是由原因不明的因素引起的，对测量结果来说影响有正有负。一个人的实测分数可能大于真分数，也可能小于真分数，总是围绕真分数上下波动。当重复测量次数足够多，随机误差的正负值就会相互抵消，测量误差的平均数就会为零。也就是说测量误差是服从平均数为零的正态分布。

假设三：测量误差与真分数相互独立，即真分数与测量误差的相关为 0。

假设四：不同测量误差之间的相关为 0。

在这些基本假设的基础上，经典测量理论推导出其信度理论与效度理论。

5.信度

信度又称为可靠性，是指测验结果的一致性程度。一个好的测验，对同一组被试在不同条件下两次测试的结果应保持一致。否则，这一测验就不可靠。

信度可分为重测信度、复本信度、同质信度和评分者信度。重测信度是指同一测验在间隔一段时间对同一组被试测试两次，这两次测试结果的一致性程度。复本信度是指一个测验的两个版本（复本）对同一组被试测试结果的一致性程度。同质信度是指测验内部各题得分的一致性程度。评分者信度是指不同评分者对同一试卷评分的一致性程度。

6.效度

效度是指测验中有效地测量到其所要测量的目标的程度。效度可分为内容效度、构想效度和效标效度。内容效度是指测验试题取样的适当性，也就是测验试题对想要测量的整个内容的代表性。构想效度是指测验能测量到某一理论构想或心理特性的程度。效标效度又称为实证效度，是以测验分数和效标之间的相关系数来表示的一种效度指标。所谓效标是指足以显示测验所欲测量目标的变量，是用以检验效度的参照标准。

第二节　智力测验

一、智力的定义

智力的定义是编制智力测验的理论前提。现代心理学家一般都认为智力是一种综合能力。如史多达（G.D. Stoddard）、韦克斯勒（D. Wechsler）、我国老一辈心理学家朱智贤等。史多达关于智力的定义为：智力是从事艰难、复杂、抽象、敏捷和创造性活动以及集中精力保持情绪稳定的能力。

韦克斯勒认为："智力是一个人有目的行动，合理地思维和有效应付周围环境聚集的或整体的才能。"

朱智贤教授认为智力是个体的一种综合的认识方面的心理特性，主要包括：①感知、记忆能力，特别是观测能力；②抽象概括能力（包括想象力）即逻辑思维能力，是智力的核心成分；③创造能力，是智力的最高表现。

二、个别智力测验

（一）斯坦福—比奈智力量表

比奈—西蒙智力量表发表以后，戈达德（H.Goddard，1908）第一个将其介绍到美国，此后，又有一些人对它进行了修订，其中美国斯坦福大学的推孟（L.Terman）教授的工作最负盛名。推孟将他修订的智力量表称为斯坦福—比奈智力量表，简称斯比智力量表。该量表先后被修订四次，下面是该量表四个版本的基本情况。

斯坦福—比奈智力量表最初修订于 1916 年。推孟将比奈—西蒙智力量表中的项目进行了修改，并在此基础上又增设了 39 个新项目。该量表首次引入智商的概念，开始以 IQ 作为个体智力水平的指标。推孟的智商公式如下：

$$IQ = \frac{MA}{CA} \times 100$$

其中，IQ 为智商，MA 为智力年龄，CA 为实足年龄。该智商公式用智力年龄与实足年龄的比值作为计算智商的主要依据,故后来人们称它为比率智商,以区别以后广泛使用的离差智商。

为了使测验标准化,该量表对每个项目施测规定了详细的指导语和记分标准。

1937 年推孟对斯比智力量表作了第二次修订,修订后的斯比智力量表由 L 型和 M 型两个等值量表构成。1960 年发表了斯比智力量表第三版。该版本的最大改变在于舍弃了比率智商,引入了离差智商概念,以平均数为 100,标准差为 16 的离差智商作为智力评估指标。

斯比智力量表第四版发表于 1986 年。斯坦福—比奈量表第四版的理论基础更加成熟,建构的方法也更加合理。其理论基础主要是卡特尔的流体和晶体智力理论以及桑代克和黑根的认知能力测验。

斯比量表是学龄儿童智力尤其是言语能力的一个有效量具。由于它的技术特性,加上它在历史上的重要性,它已成为测量智力的标准,所有其他智力测验都必须与此标准对照加以校正。因此,斯比量表的优点和局限,也在很大程度上反映在其他量表中。

(二)韦氏智力量表

由于比奈量表的适用对象是儿童和青少年,对成人的测量不令人满意。所以,1934 年韦克斯勒开始了智力测验编制的研究工作,先后编制了三套智力量表。

韦克斯勒采用离差智商作为评估个体智力水平的指标。离差智商是韦克斯勒针对传统比率智商的不足而提出的,其计算公式为

$$IQ = 100 + 15Z \qquad Z = \frac{X - \overline{X}}{S}$$

其中,X 为某人在测验上的得分,$\overline{X}$ 是常模样本的测验平均分,S 是常模样本测验分数的标准差,Z 是标准分。

1.韦氏儿童智力量表

韦氏儿童智力量表(WISC-R)适用于 6~16 岁的儿童。该测验共包括 12 个分测验,分别构成言语量表和操作量表,其中背数和迷津两个分测验是备用测验,当某一同类测验在主试操作失误时作替换用。WISC-R 的 12 个分测验如下:

言语部分:①常识;②类同;③计算;④词汇;⑤理解;⑥背数。

操作部分:①图画补缺;②图片排列;③积木图案;④图形拼凑;⑤译码;⑥迷津。

施测中,言语部分和操作部分的各个分测验在顺序上是交替进行的。从测验结果看,除能测出被试在全部量表上的智商外,还可分别测出言语智商和操作智商。

我国心理学家林传鼎、张厚粲等组织对韦氏儿童智力量表(WISC-R)进行了翻译和修订,于1981年正式确定了中文版(WISC-CR)内容,1986年完成全国常模。

美国心理公司在1991年对韦氏儿童智力量表修订版(WISC-R)进行了再次修订,建立了韦氏儿童智力量表第三版(WISC-Ⅲ)。第三版在保持WISC-R的基本结构和内容基础上,作了以下改进:报告了新的常模信息;增加了"符号搜索"分测验。

2003年美国推出了韦氏儿童智力量表第四版(WISC-Ⅳ),中国从2007年开始修订,2008年3月9日通过了中国心理学会心理测量专业委员会的鉴定。目前该量表已在全国范围正式推广。韦氏儿童智力量表第四版对以往版本作了重大修订。首先,量表结构不再分为言语测验与操作测验两部分,而是分为言语理解、知觉推理、工作记忆和加工速度等四个指数。其次,测验项目也作了较大调整,删除了图片排列、图形拼凑和迷津3个分测验,增加了图画概念、矩阵推理、字母数字排序和划消4个分测验。

2.韦氏成人智力量表

韦氏成人智力量表修订本包括言语测验和操作测验两个部分。言语测验表共有6个分量表,它们分别为:①知识;②领悟;③算术;④相似性;⑤数字广度;⑥词汇。操作测验共有5个分量表,它们分别为:⑦数字符号;⑧填图;⑨木块图;⑩图片排列;⑪图形拼凑。韦氏成人智力量表的各分测验名称在英文中与韦氏儿童智力量表的各分测验名称是一样的,由于两组修订人员没有进行沟通,所以翻译成中文就不一样了。

韦氏成人智力量表修订本的记分与解释方法与韦氏儿童智力量表相同。

1982年,在湖南医学院龚耀先教授主持下修订出版了WAIS的中国修订本(WAIS-CR)。该修订本在项目内容上变化不大,只是删除了部分完全不适合我国文化背景的题目,并根据我国常模团体的测验结果对测验项目顺序作了适当调整。WAIS-CR的最大变动在于根据我国的国情,即城市和农村在文化教育方面差异很大的特点,分别建立了农村和城市两套常模。

3.韦氏学龄前和学龄初期儿童智力量表

韦氏学龄前和学龄初期儿童智力量表(WPPSI)适合于 4~6.5 岁的儿童。它包括 11 个测验,但只有 10 个分测验用来计算智商,其中 8 个分测验是 WISC 向低幼年龄的延伸和改编,另 3 个是新加的。具体是:常识、动物房、词汇、填图、算术、迷津、几何图形、类同、扁木块、理解。

韦氏的 3 种智力量表互相衔接,适用的年龄范围从幼儿直到老年,成为智力评估中使用非常广泛的工具之一。

三、团体智力测验

(一)瑞文推理测验

瑞文推理测验是由英国心理学家瑞文(J.C.Raven)编制的一种团体智力测验,原名"渐进矩阵"(Progressive Matrices),是非文字型的图形测验。瑞文推理测验有 3 种量表,它们是瑞文标准推理测验(SPM)、瑞文高级推理测验(APM)和瑞文彩图推理测验(CPM)。华东师范大学李丹等于 1989 年将标准型与彩图型合并,编制成瑞文测验联合型(Combined Raven's Test, CRT)。

1.瑞文标准推理测验(SPM)

瑞文于 1938 年编制出版该测验,它适用于 5.5 岁以上智力发展正常的人,属于中等水平的瑞文推理测验。

SPM 包括 60 道题,分为 5 组,每组 12 题,A、B、C、D、E 这 5 组题目难度逐步增加,每组内部题目也由易到难排列,所用解题思路也一致,而各组之间有差异。A 组考察知觉辨别、图形比较、图形想象能力;B 组测类同比较、图形组合能力;C 组测比较、推理能力;D 组测系列关系、比拟和图形组合;E 组测试互换、交错等抽象推理能力。

1985 年,我国张厚粲教授开始主持瑞文标准推理测验中国城市版的修订工作。这次修订工作基本保留了原测验的项目形式及指导语。每一项目均是"1""0"计分,最后根据总分查得常模表中相应年龄组的百分等级。同时,百分等级还能直接转化为离差智商,因而可与那些以 IQ 评定的测验量表进行比较。

2.瑞文高级推理测验(APM)

APM 最初编于 1941 年,经 1947 年、1962 年两次修订成为现在的形式,适用于智力高于平均水平的人,是最高水平的瑞文推理测验。该测验分练习册与测验册,练习册共有 12 题,题型与标准型类似,目的是让被试掌握该测验的方法。测验册上共有 36 题,总体难度要比标准型高很多。

3.瑞文测验联合型(CRT)

该测验由 72 幅图案构成,分为 A、Ab、B、C、D、E 6 个单元,每个单元 12 题。前 3 个单元为彩色,后 3 个单元为黑白。瑞文联合型测验由于增加了 Ab 单元 12 道题,再加上前面 3 个单元的图形是彩色的,它更适合对年幼儿童的测量。

以上 3 种类型的瑞文推理测验题型都类似,每个测题都是由一张抽象的图案或一系列无意义的图形构成一个方阵(2×2 或 3×3),方阵的右下方缺少一块(即空档),要求被试从方阵下面提供的 6 块或 8 块备选截片中选择出一块能够符合方阵整体结构排列规律的截片。测题是按从易到难的原则依次排列,故称为渐进方阵。

(二)中小学生团体智力筛选测验

中小学生团体智力筛选测验是由华东师范大学李丹、金瑜等在美国心理学家蒙策尔特(A.W.Munzert)编制的《智商自测》(*IQ Self-test*)的基础上,经过在上海市的试用修订而成,后于 1991 年制定了全国常模。适用于小学 3 年级至高中 3 年级学生(9~17 岁)的智力筛查之用。

该测验是文字性质的纸-笔测验,共有 60 道包括文字、图形和数字方面的测题,均以选择题的形式出现,有以下 5 种题型:①归类求异;②类比推理;③数的运算;④逻辑判断;⑤数字系列。

在量表中,以上 5 类测题的顺序是交替排列的,也不按难度高低的顺序出现。测试时每题的时间无限制,但整个测验限时 45 分钟。此测验得出的智商类型为离差智商($IQ = 100 + 15Z$),可根据原始分在指导手册中查出。

四、智力测验结果的解释

智力测验的结果一般用智商表示。智商低于 70 表示智力低下；智商为 70~86 属于边缘智力，即在智力低下的边缘。智商为 90~110 属中等水平。智商为 110~120 属中上水平。智商为 120~130 属优秀。智商超过 130 属超优或超常。

第三节　人格测验

人格测验是心理测验的重要组成部分。通过对个体人格特征的测量与评估来预测其稳定的心理特质与习惯化的行为倾向，从而全面准确地了解一个人的心理状况。这对于心理与教育咨询、临床诊断、就业指导以及人员的选拔与任用等方面都具有重要的指导意义。

一、人格测验概述

(一)人格与人格测验的含义

人格(Personality)一词来源于拉丁语 persona，意指古希腊戏剧演员在舞台上扮演角色时所戴的假面具，它代表剧中人的身份。心理学上的人格是指一个人所具有的一定倾向性的心理特征的总和。具体而言，人格又有广义与狭义之分，广义的人格包括能力、气质、性格等心理特征和需要、动机、兴趣、价值观、世界观等心理倾向，而狭义的人格不包括能力。在心理测评领域中，人格通常指狭义的人格，即除能力以外的一个人所具有的一定倾向性的心理特征。

人格测验是指以人格为对象的测验。具体地说，人格测验是通过一定的方法，对在人的行为中起稳定作用的心理特质和行为倾向进行定量分析，并依此给予评价，以便进一步预测个体未来的行为。目前，用于人格测验的工具多达数百种，如著名的明尼苏达多项人格调查表、卡特尔 16 种人格因素问卷、罗夏墨迹、主题统觉测验等。

(二)人格测验的类型

依据测验的编制与施测方法的不同,人格测验分为问卷式测验、投射测验、情境测验等。具体而言,人格测验主要有以下几种类型:

1.问卷测验（Questionnaire Test）

人格问卷测评所使用的工具为各种问卷,问卷(Questionnaire)一般是经过标准化处理的测验量表(Inventory),即测验目的明确,结构严谨,经过严格的信度、效度等质量分析。人格问卷测评可以分为人格自陈量表和评定量表两类。

（1）自陈量表(Self-Report Inventories)

自陈量表又称自陈问卷或自评量表,是一种自我报告式问卷。

（2）评定量表(Rating-Scale)

评定量表也称他评量表,是由熟悉被试的人充当评定者,对被试的人格特征进行评定。

2.投射测验 （Projective Test）

投射测验是一种特殊的人格测评技术,它是根据心理学的投射原理编制的。

3.情境测验（Situational Test）

情境测验是一种行为观察法,是将受测者置于事先设计好的特定情境中,施测者观察其行为反应,从而推断其人格特征的方法。

二、人格自陈量表

人格测验的途径多种多样,目前使用最广泛、最成熟的人格测评手段是问卷测验,尤其是自陈量表。自陈量表是我国心理学工作者所偏好的一类人格测评工具。如明尼苏达多项人格调查表(MMPI)、艾森克人格问卷(EPQ)、卡特尔16种人格因素问卷(16PF)等都是比较成熟的自陈量表,也是目前使用最为广泛的人格问卷测验。

(一)明尼苏达多项人格调查表(Minnesota Multiphasic Personality Inventory,MMPI)

1."明尼苏达多项人格调查表"的简介

"明尼苏达多项人格调查表"是美国明尼苏达大学教授哈萨威(S.R. Hawthaway)和麦金利(T.C.Mackinley)于20世纪40年代编制。它是采用效标控制策略编制自陈量表的典范。在1966年的修订版中确定为566个项目,其中16个项目为重复项目(用于测验受测者前后反应的一致性)。通常的临床测验只使用前399个项目,即4个效度量表,10个临床量表,其余的项目则与一些研究量表有关。

MMPI适用于16岁以上,须具有小学以上文化程度且没有影响测验结果的生理缺陷的受测者。

我国中科院心理学研究所的宋维真等人于1980年开始修订MMPI,1984年完成修订工作,并建立了中国人常模。1991年,以宋维真为首的全国协作组开始了对MMPI-2的引进、研究与中国版的修订及常模的制定工作。

2."明尼苏达多项人格调查表"的内容与结构

MMPI主要由4个效度量表和10个临床量表构成。4个效度量表的名称、代码及作用如下:

疑问量表(?):又称为"无回答",受测者对项目选择无法回答的"?"。

说谎量表(L):共15题,每个项目与社会赞许度密切相关。

诈病量表(F):共64题,该分量表的目的是为了识别那些离题反应、胡乱反应或故意"装坏"的受测者。

校正量表(K):共30题,该分量表的目的是识别受测者是否有将自己伪装成"好人"或"坏人"的倾向。

10个临床量表是依据效标组命名的,它们分别是:

①疑病症(简称HS,代码为"1"),共30题,测查受测者是否有对自己身体功能异常关心的神经质反应;

②忧郁症(简称D,代码为"2"),共60题,测查受测者是否过分悲伤、无望、思想行动迟缓等;

③癔病(简称 Hy,代码为"3"),共 60 题,测查受测者是否经常无意识地使用身体或心理症状来回避困难与责任且有歇斯底里反应;

④精神病态(简称 Pd,代码为"4"),共 50 题,测查受测者是否具有非社会性类型和非道德性类型的精神病态人格;

⑤男性化—女性化(简称 Mf,代码为"5"),共 60 题,测查受测者是否偏离自己的性别特征;

⑥妄想症(简称 Pa,代码为"6"),共 40 题,测查受测者是否有敌意观念、被害妄想、夸大自我概念、猜疑心、过度敏感等偏执狂症状;

⑦精神衰弱(简称 Pt,代码为"7"),共 48 题,测查受测者是否有焦虑、强迫动作和观念、无由的恐怖、怀疑及优柔寡断的神经症状;

⑧精神分裂(简称 Sc,代码为"8"),共 78 题,识别受测者是否有思维、情感和行为混乱,有稀奇思想、行为退缩及幻觉的精神分裂症状;

⑨轻躁狂(简称 Ma,代码为"9"),共 46 题,测查受测者是否具有精力充沛、过于兴奋、思维奔逸、爱怒的躁狂症状;

⑩社会内向(简称 Si,代码为"0"),共 70 题,测查受测者是否有社会性接触和社会性责任回避退缩倾向。

以上 10 个临床量表给出受测者的 10 个人格特质的分数,以作为评估其人格特质的依据。

3.施测与记分方法

(1)施测方法

MMPI 最常用的施测方法是问卷式,即使用一个题本(按一定顺序排列的 566 个题目)和一张答题纸,要求受测者严格按照指导语根据自己的实际情况在答题纸的"是"或"否"下面作记号,若无法回答则不作任何记号。现在该测验已制作测评软件,可在计算机上完成测试,由软件给出评分与解释,大大减轻了测评者的工作量。

(2)记分方法

记分方法有两种:一种是机测,即将测验软件化后可直接在计算机上回答题目,计算机自动算出原始分并在加上 K 分后转化为标准分;另二种是纸笔测验,用模板记分。该测验先计算各分量表的原始分,然后将原始分转化为标准分(T 分)。$T=50+10Z$,即 T 分是平均分为 50、标准差为 10 的一种标准分。根据常模表将受

测者各分量表的原始分转化成相应的 T 分数,再将原始分与 T 分数登记在剖面图
下面的相应的分数栏里,最后把不同量表的 T 分数标记在剖面图上,再将各点连
接,就成为一个关于受测者人格特征的剖面图(图4-1)。

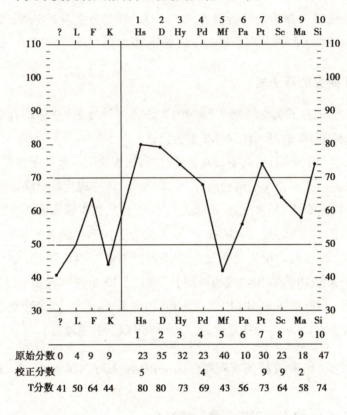

	?	L	F	K		Hs	D	Hy	Pd	Mf	Pa	Pt	Sc	Ma	Si
						1	2	3	4	5	6	7	8	9	10
原始分数	0	4	9	9		23	35	32	23	40	10	30	23	18	47
校正分数						5			4			9	9	2	
T分数	41	50	64	44		80	80	73	69	43	56	73	64	58	74

图 4-1 MMPI 剖析图

4.测验结果的解释

对 MMPI 结果的解释是一件专业性很强的工作,必须由经过专门训练和具有
一定经验的心理学家和精神科医生进行解释。主要有两种解释:

(1)单个量表解释

依据各分量表的 T 分数,参照 MMPI 指导书对各分量表分数的文字化的描述
对受测者的某项人格特质进行解释。

(2)多个量表综合解释

综合解释常有两种形式:一种是剖析图形态分析法,即将受测者的剖析图的形

状与指导手册中的各种剖析图形状相比较,将与之相似的剖析图的解释直接套用过来作为受测者的人格特征解释。另一种是更为简单的两点编码分析法,即将剖析图上得分最高的两个临床分量表组合进行解释,以说明受测者的人格特征。一般用两个高分临床分量表的代码表示,如"13/31"即高分量表 1 与高分量表 3 的组合,"13"表示量表 1 的得分高于量表 3 的得分,反之则表示为"31"。

5.MMPI 研究的新进展

1989 年,明尼苏达大学出版了《MMPI-2 施测与计分手册》标志着 MMPI 修订工作的完成,MMPI-2 的诞生使 MMPI 更为完善。

MMPI-2 有 567 个项目,其中没有重复的项目,删除了一些关于性偏好、种族歧视、肠和膀胱的功能等让人反感的内容,而增加了一些与现代社会联系密切的关于自杀、药物和酒精滥用、A 型行为、人际关系等项目;且在保留原先 4 个效度量表的同时,又增加了一些效度量表,如 VRIN 量表是为了探测受测者的矛盾反应、是否有"随机反应"的倾向,TRIN 量表是为了探查受测者是否有不加区分的"是"或"否"反应;在保留 10 个临床量表的基础上,制定了 15 个内容量表来评估 MMPT-2 的主要内容维度,取消了 MMPI 中的 Wiggins 内容量表;还有 15 个补充量表;等等。MMPT-2 的施测时间为 60~90 分钟,适用于 18 岁以上的受测者。

(二)卡特尔 16 种人格因素问卷(Sixteen Personality Factor Questionnaire,16PF)

1."卡特尔 16 种人格因素问卷"的简介

"卡特尔 16 种人格因素问卷"是由美国伊利诺伊州立大学和能力研究所的卡特尔(Raymond B.Cattell)教授编制的。卡特尔教授首先对人格进行了系统的研究,然后又进行一系列的科学实验以及因素统计分析后逐步形成该问卷。该问卷是因素分析策略编制问卷的典范。

16PF 适用于 16 岁以上,需具有初三以上文化程度的受测者。16PF 不仅从 16 个方面对个体的人格特质进行了详尽的描述,而且还根据卡特尔制定的人格因素组合公式,对其人格作出整体的评价,也可预测其在特殊情境中的行为特征等。

16PF 中国版的修订工作:1981 年,辽宁省教科所李绍农修订了中译本并建立了辽宁省的常模;1988 年,华东师范大学的戴忠恒与祝蓓里等在此基础上进行了再修订,取得了全国范围内的信度与效度资料,并按性别制定了中国成人、大学生、高中生等不同群体的常模。

2."卡特尔16种人格因素问卷"的内容与结构

16PF英文版有A、B两套等值的测题,每套有187个项目,分配在16个人格因素中。每个人格因素包含的项目数不等,少则13个,多则26个。16个人格因素分别为乐群性(A)、聪慧性(B)、稳定性(C)、恃强性(E)、兴奋性(F)、有恒性(G)、敢为性(H)、敏感性(I)、怀疑性(L)、幻想性(M)、世故性(N)、忧虑性(O)、实验性(Q_1)、独立性(Q_2)、自律性(Q_3)、紧张性(Q_4)。16种人格因素中各个项目是按顺序轮流排列的。16种人格因素中除了聪慧性(B)的各项目有对、错之分外,其余项目均无对、错之分。

3.施测与记分方法

16PF常用的施测方法是问卷式,使用一个题本和一张答题纸,要求受测者严格按照指导语,根据自己的情况在答题纸上每个项目的a、b、c三个选项中选择一个。一般在45分钟左右完成。16PF既适合于团体测验,又适合于个别测验。

记分方法有两种。一种是计算机记分。将受测者的答案输入计算机后,计算机自动算出原始分并转化为标准分,进行相应的人格解释;第二种是模板记分。每个项目有a、b、c三个选项,根据受测者对每个项目的回答,分别计为0、1、2分或2、1、0分,但聪慧性分量表上项目的答案只有对、错之分,则采用2级记分,答对得1分,答错得0分。具体操作:先将模板套在答卷纸上,分别计算出每个因素的原始分数,再根据受测者的文化程度或职业类型,将原始分对照相应的常模表分别转化为标准分;然后将各因素的原始分和标准分登记在剖面图上相应的分数栏内;最后在剖面图上标出各因素的标准分数点,将各点相连,即成为一条表示受测者人格特征的曲线图。

4.测验结果的解释

(1)16种人格因素的标准分解释

一般来说各因素的标准分高于7分为高分,按高分者的特征来解释;标准分低于4分为低分,按照低分者特征来解释。若要作进一步的解释,需参照指导手册。

（2）二元人格因素解释

16PF 不仅能够清晰地描述 16 种基本人格特征,还能根据不同公式推算出 4 种二元人格因素,可以分别诊断受测者的适应性、外向性、情绪性和果断性。

二元人格因素分别是:

①适应与焦虑性 $=(38+2L+3O+4Q_4-2C-2H-2Q_3)\div10$;

②内向与外向性 $=(2A+3E+4F+5H-2Q_2-11)\div10$;

③感情用事与安详机警性 $=(77+2C+2E+2F+2N-4A-6I-2M)\div10$;

④怯懦与果断性 $=(4E+3M+4Q_1+4Q_2-3A-2G)\div10$。

以上算式中的字母分别代表相应分量表的标准分数。一般而言,各二级人格因素得分低于 4.5 分为前一种类型,高于 6.5 分为后一种类型。假如一个学生在内向与外向性上得分为 4 分,表明该学生较为内向,通常羞怯且审慎,与人相处较为拘谨、不自然。而另一个学生得分为 7 分,表明其较为外向,通常善于交际、活泼开朗、不拘小节等。

（3）预测因素方面解释

卡特尔又收集了 7 500 名从事 80 多种职业及 5 000 多名有各种行为问题和精神症状的人的人格因素的测验结果,并详细分析了他们的 16 种人格因素的特征及类型,拟定了一些应用公式,适用于升学、就业、选拔特殊人才等方面的指导。比较常用的预测因素公式及解释有以下几种:

①心理健康因素 $=C+F+(11-O)+(11-Q_4)$。总分为 4~40,平均分为 22 分,低于 12 分者仅占 10%;

②专业上有成就者的个性因素 $=2Q_3+2G+2C+E+N+Q_2+Q_1$。总分为 10~100,平均分为 55 分,67 分以上者应有其成就;

③创造力个性因素 $=2(11-A)+2B+E+2(11-F)+H+2I+M+(11-N)+Q_1+2Q_2$。总分要转化为 10 分制的标准分,标准分越高,其创造力越强;

④在新环境中有成长能力的个性因素 $=B+G+Q_3+(H-F)$。总分为 4~40,平均分为 22 分,不足 17 分者仅占 10%左右,27 分以上者则有成功的希望。

（三）艾森克人格问卷（Eysenck Personality Questionnaire,EPQ）

1.“艾森克人格问卷”的简介

“艾森克人格问卷”是由英国伦敦大学和精神病研究所著名的人格心理学家

和临床心理学家 H.J.艾森克(H.J.Eysenck)教授及其夫人于 1975 年编制完成。

"艾森克人格问卷"的理论基础是艾森克所提出的人格的三维特质理论。他认为人格在行为上的表现是多样的,但真正支配人行为的人格主要是三个维度的人格特质,即内外倾、神经质、精神质。这三个基本维度彼此独立,每个人都具有,其不同程度的表现与组合构成千姿百态的人格特征。艾森克夫妇据此观点编制的 EPQ 由四个分量表组成,即内外向量表、神经质量表、精神质量表、说谎量表,并发展为成人问卷和青少年问卷两种模式。

我国早在 20 世纪 80 年代初就由陈仲庚、龚耀先和刘协和等人分别进行了 EPQ 的中国版修订。湖南医学院的龚耀先教授于 1985 年以后主持修订了 EPQ 中国版。修订后的儿童问卷与成人问卷各由 88 个项目构成。这次修订取得了全国范围内的信度与效度资料,分别制定了中国儿童(男、女)和成人(男、女)常模,且还编制了 EPQ 的有关计算机软件,可以在计算机上施测、评分和统计处理。

EPQ 分儿童和成人两种形式,儿童问卷适用于 7~15 岁的受测者,成人问卷适合于 16 岁以上的受测者。

2.问卷的内容与结构

中国修订本的成人问卷与儿童问卷实际计分项目均为 88 个。问卷项目是以问句形式出现,问题多是一些关于个人喜好、生活行为以及生理或情绪体验等内容。无论是成人问卷还是儿童问卷都包含四个分量表,即 E 量表、N 量表、P 量表、L 量表。E 量表(外倾性量表)用于测查受测者的内外倾性。N 量表(神经质量表)测查受测者的情绪稳定性程度。P 量表(精神质量表)用于测查受测者的精神质程度。L 量表(说谎量表)用于测查受测者是否有"掩饰"倾向,即是否有不真实的回答。

3.施测与记分方法

EPQ 适合于团体测验,也可用于个体测验。它属于纸笔测验,使用一个题本和一张答题纸,要求受测者严格按照指导语,根据自己的实际情况在答题纸上作答,也可在计算机上回答。EPQ 的每个项目有"是"或"否"(在儿童问卷中是"是"和"不是")两个选项,根据受测者对每个项目的回答,依据指导手册的记分规则分别记 1 分或 0 分。按 E、N、P、L 4 个分量表分别记分,然后算出各分量表的原始总分,再根据受测者的性别和年龄,对照相应常模表将其各分量表的原始分分别转化为标准分(T)。然后在剖面图相应的位置上标出各维度的 T 分数点,最后将各点相连,即成为一条表示受测者人格特征的曲线图。

4.测验结果的解释

(1)剖面图解释

EPQ 的剖面图可以直观地反映各量表的得分情况。参照指导手册中描述的不同分量表的高分特征或低分特征对受测者在精神质(P)、外倾性(E)和神经质(N)三个人格维度的 T 分数进行解释;再通过说谎量表(L)得分的高低来判断其回答的真实程度,以决定问卷结果的有效性。

(2)两维人格特征图解释

艾森克又以外倾性(E)的 T 分为横坐标,神经质(N)的 T 分为纵坐标作垂直交差,根据受测者的 E 和 N 的标准分的交点进行相应的分析(图 4-2),可以得出四种较为典型的人格类型,即外向稳定型:表现为善领导、无忧虑、活泼、健谈开朗、善于交际等人格特征;外向易变型:表现为主动、乐观、冲动、易变、易激动、易怒、好斗等;内向稳定型:表现为性情平和、可信赖、有节制、平静、深思、谨慎、被动等;内向易变型:表现为文静、不善交际、缄默、悲观、严肃、刻板、焦虑、忧郁等。除了以上四种标准典型的人格特征外,还有很多不同的组合,并且在生活中很少有人具有这种标准典型的人格特征,大多数人处于中间水平。

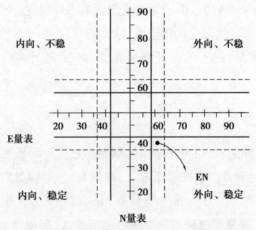

图 4-2 艾森克人格问卷两维剖析图

三、人格投射测验

问卷式测评往往是受测者在意识状态下根据一定项目来描述自己的某种人格特征,而人格投射测验是受测者在无意识状态下反映自己的人格特征。投射测验也是目前人格测评中一种常用的方法。

(一)人格投射测验概述

1.投射与投射测验的概念

"投射"(Projection)一词最初来源于弗洛伊德对一种心理防御机制的命名,严格来说,投射测验中的投射已超出这个范围。所谓的投射是指个人把自己的思想、态度、愿望、情绪、性格等心理特征无意识地反映在对事物的解释之中的心理倾向,也就是说受测者在对客观事物的特征进行想象性解释的过程中,不自觉地将自己的心理特征呈现在这种想象的解释中。心理的投射是个体自己无法意识到的一种推动其产生某种行为的深层动力。投射测验就是利用这个原理将受测者深层的意识激发出来,通过测量个体对特定事物的主观解释,并对其解释进行分析以了解受测者的人格特征。

投射技术或投射测验(Projective Test)的表现方式多种多样,但其基本方式是向受测者提供预先编制的未经组织的、意义模糊的标准化刺激情境,让受测者在不受任何限制的情况下,自由地对刺激情境作出反应;然后通过分析受测者的反应,推断其人格特点。按此方法编制的最为著名的人格测验有罗夏墨迹测验和主题统觉测验。

2.投射测验的种类

投射测验依据目的、刺激情境、反应方式、解释方法等的不同,有不同的分类。其中林德塞(G.Lindzey)根据受测者的反应方式的不同将投射测验分为较为典型的以下五类:①联想型;②构造型;③完成型;④选排型;⑤表露型。

(二)经典的投射测验

下面将介绍两个经典的投射测验。

1.罗夏墨迹测验（Rorschach Inkblot Test）

（1）罗夏墨迹测验简介

罗夏墨迹测验是由瑞士精神病学家罗夏（H.Rorschach）于1921年编制的，并于当年发表在其撰写的《心理诊断法》一书中。罗夏通过长期的试验与比较研究编制的墨迹测验，其理论依据是精神分析学派的心理动力学理论，该理论强调人格的独特性、动力性和整体性，把人格视为个人独有的各种力量（如动机、需求、欲望等）交错而成的动力组织。该测验旨在借助受测者对一些标准化的墨迹图形的反应，以对其人格进行整体性的定性解释。

（2）罗夏墨迹测验的使用

①施测的指导语。先设法使受测者放松、舒服。施测者使用简单的、标准化的指导语告诉受测者如何完成测验，指导语中尽量少加自己的观点或其他的说明。"罗夏墨迹测验"的版本多种多样，但指导语一般是："要给你看的图上印有偶然形成的墨迹图形，请你将看图时所想到的东西，不论是什么都自由地、原封不动地说出来，回答无所谓正确与不正确，所以，请你看到什么就说什么。"

②测验的材料。此套测验共有10张对称图形，且内容模糊不清，毫无意义。这10张图形是以一定顺序排列的墨迹图，其中5张（第1、4、5、6、7张）为黑白图片，墨迹深浅不一；2张（第2、3张）是黑白墨迹加红色斑点；（图4-3）3张（第8、9、10张）是彩色图片。

③施测方法。此测验一般属于个别测验。在施测过程中，施测者尽量不要插话或打断对方，当受测者对自己不明确的回答进行试探性提问时，施测者不要作明确的回答或暗示性的提示，一般采取中性的回答。如"你看到什么或想到什么，就说什么"。测验的具体实施分为4个阶段：

A.自由反应阶段：施测者按规定的顺序和方位将图片呈现给受测者，让其对所看到的墨迹图进行自由联想。

B.提问阶段：施测者为了将受测者的反应记号化，再次将图片逐一呈现给受测者，并有针对地对其进行提问。如"每一种反应是根据图片中的哪一部分做的，引起这种反应的因素是什么"等。

C.类比阶段：当经过提问阶段仍不能理清记号化的问题，无法确定受测者的反应类型，可在此阶段进一步询问、补充。

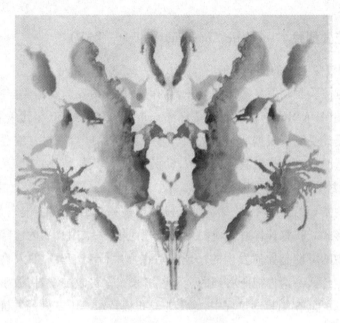

图 4-3　罗夏墨迹测验图片之一

D.极限测试阶段:若在第三个阶段仍无法确定受测者的反应类型,施测者则直接提问受测者是否能从图片中看到某种具体的事物等。如"别人在这张图片上可以看到一只蝙蝠,你能看到吗"?

一般来说,前两个阶段是每个受测者都必须接受的,而后两个阶段是在经过前两个阶段仍不能确认受测者的反应类型时才考虑使用。

④测验的记分方法。罗夏墨迹测验最复杂的,也是最困难的部分就是评分与解释。此测验的记分过程实际上是把受测者质的反应数量化的过程。所谓的数量化就是先将受测者作出的相似特性的反应汇总分类,给以相应的记号,然后按记号的类别计算反应的次数等。反应是记号化和进行量的分析的基本单位。具体而言,记分包括以下几个方面:反应区位记号;反应决定因子记号;反应内容记号;反应独创性记号。

以上介绍了罗夏墨迹测验记分的主要维度,在涉及具体的记分时将更为复杂,每种反应都可进一步地细分并进行相应的记分。

⑤测验结果的解释。罗夏墨迹测验的解释较为复杂,需要专业人员进行评分与解释。该测验结果的解释主要分为量的分析和序列分析两个过程。关于解释的具体方法,感兴趣的读者可参看有关书籍。

2.主题统觉测验（Thematic Apperception Test，TAT）

（1）主题统觉测验的简介

主题统觉测验是与罗夏墨迹测验齐名的另一种投射测验。由美国哈佛大学的心理学家莫瑞（H.A.Murray）与摩根（C.D.Morgan）于20世纪30年代编制。该测验的主要任务是让受测者根据所呈现的内容暧昧的图片自由联想并编造故事,再通过分析其编造的故事以了解其心理需求、动机、情绪等人格特征。

（2）主题统觉测验的使用

①施测的指导语。TAT的一般指导语是"这是一个想象力的测验,是测验你的智力的一种形式。我将让你看一些图片,请你根据每一张图片的内容编一个故事,告诉我图片中的事情是如何发生的? 现在正在发生什么? 画中的人物在想什么? 以后将会发生什么? 请你把所看到的全部说出来。你可以随意讲,故事越生动、戏剧化越好"。另外,在测验的过程中,施测者要积极营造一个友好的气氛,对受测者的反应应当给予相应的鼓励与赞许。

②测验材料。TAT共有30多张内容颇为隐晦的黑白图片（图4-4）和1张空白卡片。图片的内容多为人物,兼有部分景物,不过每张图片中至少有一个人物。30多张图片及一张空白卡片依据受测者的年龄与性别组合成4套材料,分别适用于成年男性、成年女性、男孩和女孩,每套20张,分成两个系列,每系列各有10张。其中,4套材料中有一些图片为共用的,有的为各套专用,每张图片后都有相应的编号。

图4-4　主题统觉测验的图片之一

TAT的这些图片与罗夏测验用的墨迹图不同,它是关于人物的图片,有一定主题,不是完全无结构的。但TAT对受测者的反应不加限制,任其自由联想并编造故事,所以 TAT 仍属投射测验。

③施测方法。TAT 属于个别测验,每张图片约需 5 分钟,整套测验需在 90~120 分钟完成。进行测验时,施测者按顺序逐一出示图片,要求受测者对每一张图片都根据自己的想象和体验,讲一个大约 300 字的内容生动、丰富的故事。每套测验的两个系列分两次进行,两个系列之间的测验至少要间隔一天。施测者需详细记录受测者的各种反应,若施测者对其所编故事中概念、用语意义不明确,或对故事意义不清楚时,应在其讲完故事后立即进行询问。

④测验的记分与解释。具体而言,根据 TAT 的评分与解释的依据可以划分为以下几个方面:主角本身;主角的动机倾向与情感;主角的环境力量;结果;主题;兴趣与情操。

总而言之,TAT 记分分为两部分:其一,每一种需要变量或情绪变量的记分,依据受测者每一种需要或情绪的强度为 1~5 记分;其二,每一种压力变量的记分,根据受测者每一种压力的强度为 1~5 记分。在每个变量上都得到两个分数:一是总体平均分(AV);二是分数的分布(R)。

TAT 的施测方法简单,但对每个故事的评分与解释较为复杂,必须由经验丰富的临床专家来进行记分、解释。为了避免受评分者主观性的影响,最好由两三位专家共同评估,使分析与解释更具有客观性。另外,TAT 的评估很花时间,往往需要4~5 个小时才能评定一份记录。

第四节　心理健康测验

一、心理健康普查常用的量表

(一)心理健康临床症状自评量表(The Self-report symptominventory symptom Check Lisot 90,SCL-90)

1.SCL-90 的概况

心理健康临床症状自评量表也称 90 项症状清单,是由德若伽提斯(L. R.

Derogatis)于 1975 年编制。20 世纪 80 年代由上海铁道医学院吴文源引进修订,已含 90 个项目,分五级评定,临床应用证实此量表的评估有比较高的真实性,同时与其他自评量表(SDS,SAS)相比,它具有内容大、反应症状丰富、更能准确刻画病人的自觉症状等优点,能较好地反映病人的病情及其严重程度和变化,是当前学校心理健康普查中应用最多的一种自评量表。

2.SCL-90 的内容与结构

SCL-90 有 10 个因子,即所有 90 个项目可以分为十大类。每一类反应病人的一方面情况。10 个因子中 9 个根据测查内容来命名,1 个因子没有命名,称为其他。各因子如下:a.躯体化(Somatization);b.强迫症状(Obsessive-compulsive);c.人际关系敏感(Interpersonal sensitivity);d.抑郁(Depression);e.焦虑(Anxiety);f.敌对(Hostility);g.恐怖(Phobivanxeity);h.偏执(Parnoilideation);i.精神病性(Psychotism);j.其他。

3.SCL-90 的记分与解释

SCL-90 每一项目均采用 5 级评分制(1~5 级),且没有反向评分项目。
具体说明如下:
1——无:无该项症状问题。
2——轻度:自觉有该项症状,但发生并不频繁、不严重。
3——中度:自觉有该项症状,其严重程度为轻度到中度。
4——相当严重:自觉有该项症状,其严重程度为中度到重度。
5——重度:自觉有该项症状,频度和程度都十分严重。
SCL-90 可以计算总分、总均分、阳性症状均分与因子分。

①总分:将 90 个项目的各单项得分相加,得到总分。将某人的 90 个症状项总分减去 90 分为他的实际总分。

②总均分=总分÷90,表示总的看来,该病人的自我感觉介于 1~5 级的哪一个范围内。

③阳性症状均分=(总分-阴性项目数)÷阳性项目数,表示"有症状"项目中平均得分,可以看出该病人自我感觉不佳的程度究竟在哪个范围内。其中阴性项目数,表示病人"无症状"的项目有多少。

④因子分＝组成某一个因子的各项目总分÷组成某一因子的项目数

当我们通过计算得到了各因子分以后,可以通过轮廓图分析方法来进一步研究病人的自评特征性结果。

SCL-90上述计算分数都可对照常模进行解释。

(二)大学生人格问卷(University Personality Inventory,UPI)

1.大学生人格问卷简介

大学生人格问卷(UPI)是一种为早期发现存在心理问题的大学生而编制的健康调查问卷。1966年由参加全日本大学保健管理协会的大学心理咨询员和精神科医生根据丰富临床经验和咨询实践,集体讨论最终于1968年编制而成,被广泛应用于心理咨询、精神病诊断等方面,成为日本高校常用的心理健康问卷之一。1991年,当时日本筑波大学的大学旨相谈会会长松源达哉和我国清华大学的樊富珉将其引入我国,经我国心理卫生协会和大学生心理咨询专业委员会修订、汉化,终于在1992年形成UPI中文修订版。

UPI中文修订版由三部分构成:第一部分是被试的基本情况,包括姓名、性别、家庭情况、入学动机等;第二部分是问卷的核心部分,由60道题目构成,包括4道测谎题(第5、20、35、50题),其余56题反映学生的心理健康状况,其中第8、16、25、26题是关键题;第三部分是4道辅助题,了解被试对自己身心健康评价与主要困扰的心理问题。

日本上智大学根据UPI测量结果,将大学生的心理症状倾向分为三种:精神分裂症倾向、抑郁症倾向和神经症倾向。国内有人将UPI分为6个因子:偏执、强迫、抑郁、情绪波动、交往障碍和身体状况。

2.测验的记分与解释

测验只有第二部分60题记分。每题有两种选项:是或否,凡选"是"的题记1分,选"否"记0分。先计算说谎题的得分,如大于等于2分,则测验无效。如测谎题得分小于2分,测验有效,再计算其余56题的总分。

UPI测验结果的解释如下:

第一种类筛选标准:凡总分25分以上者,或第25题做肯定选择者,或辅助题中至少有两题作肯定选择者,或明确提出咨询要求的且属于有心理问题者。以上四种情况只要符合其中一种,即符合第一种类筛选标准,应在测试完成后马上对其进行面谈,进一步了解情况,及时作心理咨询或作相应的处理。

第二类筛选标准:凡总分为 20~24 分,或 8、16、26 题中有一题作肯定选择者,或辅助题中有一题作肯定选择者。以上三种状况只要符合一种即符合第二种筛选标准。凡符合第二种筛选标准者,应在符合第一类筛选标准的学生处理完后,马上采取面谈等处理措施。

二、个案评估中常用的心理量表

(一)抑郁自评量表(Self-Rating Depression Scale,SDS)

1.抑郁自评量表的概况

抑郁自评量表是由 W.K.Zung 于 1965 年编制,用于衡量抑郁状态的轻重程度及其在治疗中的变化。该量表共有 20 道题目,反映抑郁状态的四组特异性症状:①精神性—情感症状,包含抑郁心境和哭泣两道题目;②躯体性障碍,包含情绪的日间差异、睡眠障碍、食欲减退、性欲减退、体重减轻、便秘、心动过速、易疲劳等,共 8 道题;③精神运动性障碍,包括精神运动性迟滞和激越两题;④抑郁的心理障碍,包含思维混乱、无望感、易激惹、犹豫不决、自我贬低、空虚感、反复思考自杀和不满足等,共 8 题。

抑郁自评量表具有较高的信度,分半信度为 0.73(1973 年)和 0.92(1986 年)。抑郁自评量表也有较理想的效度,它与贝奈量表、汉密尔顿抑郁量表、MMPI 中的 D 分量表之间具有高度和中度相关,临床应用也证明其有较好的效度。

抑郁自评量表题量少,操作方便,容易掌握,能有效地反映抑郁状态的有关症状及其变化,特别适用于学校心理咨询中发现有抑郁倾向的学生。

2.抑郁自评量表的评分与解释

抑郁自评量表的 20 道题目中有 10 道为正题,10 道为反题。正题评分标准为 1、2、3、4,即选"从无或偶尔"记 1 分,选"有时"记 2 分,选"经常"记 3 分,选"总是如此"记 4 分。反题评分标准相反,为 4、3、2、1。对所有题评分完后再计算测验总分。测验总分还只是粗分,需转换成标准分后才能解释。抑郁自评量表的标准分从 20 分到 100 分,根据 1 340 名中国成人样本所得常模为(41.88±10.57 分),因而分界值可定为 53 分,超过 53 分,则被认为有抑郁症状,且超过越多,抑郁症状越严重。

(二)焦虑自评量表(Self-Rating Anxiety Scale,SAS)

1.焦虑自评量表的概况

焦虑是对外部事件或内在想法与感受的一种不愉快的体验,它涉及轻重不等的一系列情绪,最轻的是不安与担心,其次是心里害怕和惊慌,最严重的是极端恐怖。

焦虑自评量表由 Zung 于 1971 年编制,适用于具有焦虑症状的成年人。该量表从量表结构到具体评定方法,都与抑郁自评量表类似,它也含有 20 道题目,采用 4 级记分。

焦虑自评量表是一种分析被试主观焦虑症状的相当简便的临床工具,经临床使用,表明焦虑自评量表具有较好的效度,能较准确反映有焦虑倾向的被试的主观感受,现已广泛用于心理咨询门诊中。

2.焦虑自评量表的记分与解释

焦虑自评量表共 20 题,正题 15 道,反题 5 道,分别是第 5、9、13、17 与 19 题。正题记分方法为:选"没有或很少时间"记 1 分;选"少部分时间"记 2 分;选"相当多时间"记 3 分;选"绝大部分或全部时间"记 4 分。反题反向记分,即选"没有或很少时间"记 4 分;选"少部分时间"记 3 分;选"相当多时间"记 2 分;选"绝大部分或全部时间"记 1 分。在每题记分后,再计算 20 题的总分。

测验总分为粗分,乘以 1.25 以后取整数就是标准分,或直接查粗分标准分换算表(与 SDS 同一换算表)得到标准分。中国量表协作组对 1 158 名正常人的研究结果,粗分的常模为(29.78±10.07)分。标准分高于 50 分则可被判定为有焦虑症状,分数越高,焦虑症状越严重。

附录1 SCL-90 的题目与常模表

SCL-90

姓名_____   性别_____   年龄_____   文化程度_____   血型_____

职业_____   工作年限_____   填写日期_____

注意:以下表格中列出了有些人可能会有的问题,请仔细地阅读每一条,然后根据最近一星期内下述情况影响您的实际感觉,在 5 个方格中选一格,画一个"√"

	没有	很轻	中等	偏重	严重	工作人员评定
	1	2	3	4	5	
1.头痛	□	□	□	□	□	□
2.神经过敏,心中不踏实	□	□	□	□	□	□
3.头脑中有不必要的想法或字句盘旋	□	□	□	□	□	□
4.头昏或昏倒	□	□	□	□	□	□
5.对异性的兴趣减退	□	□	□	□	□	□
6.对旁人责备求全	□	□	□	□	□	□
7.感到别人能控制你的思想	□	□	□	□	□	□
8.责怪别人制造麻烦	□	□	□	□	□	□
9.忘性大	□	□	□	□	□	□
10.担心自己的衣饰整齐及仪态的端正	□	□	□	□	□	□
11.容易烦恼和激动	□	□	□	□	□	□
12.胸痛	□	□	□	□	□	□
13.害怕空旷的场所或街道	□	□	□	□	□	□
14.感到自己的精力下降,活动减慢	□	□	□	□	□	□
15.想结束自己的生命	□	□	□	□	□	□
16.听到旁人听不到的声音	□	□	□	□	□	□
17.发抖	□	□	□	□	□	□

18.感到大多数人都不可信任	☐	☐	☐	☐	☐	☐
19.胃口不好	☐	☐	☐	☐	☐	☐
20.容易哭泣	☐	☐	☐	☐	☐	☐
21.同异性相处时感到害羞、不自在	☐	☐	☐	☐	☐	☐
22.感到受骗、中了圈套或有人想抓住你	☐	☐	☐	☐	☐	☐
23.无缘无故地突然感到害怕	☐	☐	☐	☐	☐	☐
24.自己不能控制地大发脾气	☐	☐	☐	☐	☐	☐
25.怕单独出门	☐	☐	☐	☐	☐	☐
26.经常责怪自己	☐	☐	☐	☐	☐	☐
27.腰痛	☐	☐	☐	☐	☐	☐
28.感到难以完成任务	☐	☐	☐	☐	☐	☐
29.感到孤独	☐	☐	☐	☐	☐	☐
30.感到苦闷	☐	☐	☐	☐	☐	☐
31.过分担忧	☐	☐	☐	☐	☐	☐
32.对事物不感兴趣	☐	☐	☐	☐	☐	☐
33.感到害怕	☐	☐	☐	☐	☐	☐
34.你的感情容易受到伤害	☐	☐	☐	☐	☐	☐
35.旁人能知道你的私下想法	☐	☐	☐	☐	☐	☐
36.感到别人不理解你、不同情你	☐	☐	☐	☐	☐	☐
37.感到人们对你不友好、不喜欢你	☐	☐	☐	☐	☐	☐
38.做事必须做得很慢以保证做得正确	☐	☐	☐	☐	☐	☐
39.心跳得很厉害	☐	☐	☐	☐	☐	☐
40.恶心或胃部不舒服	☐	☐	☐	☐	☐	☐
41.感到比不上他人	☐	☐	☐	☐	☐	☐
42.肌肉酸痛	☐	☐	☐	☐	☐	☐
43.感到有人在监视你、在谈论你	☐	☐	☐	☐	☐	☐
44.难以入睡	☐	☐	☐	☐	☐	☐

45.做事必须反复检查	☐	☐	☐	☐	☐	☐
46.难以作出决定	☐	☐	☐	☐	☐	☐
47.怕乘电车、公共汽车、地铁或火车	☐	☐	☐	☐	☐	☐
48.呼吸有困难	☐	☐	☐	☐	☐	☐
49.一阵阵发冷或发热	☐	☐	☐	☐	☐	☐
50.因为感到害怕而避开某些东西、场合或活动	☐	☐	☐	☐	☐	☐
51.脑子变空了	☐	☐	☐	☐	☐	☐
52.身体发麻或刺痛	☐	☐	☐	☐	☐	☐
53.喉咙有梗塞感	☐	☐	☐	☐	☐	☐
54.感到前途没有希望	☐	☐	☐	☐	☐	☐
55.不能集中注意力	☐	☐	☐	☐	☐	☐
56.感到身体某一部分软弱无力	☐	☐	☐	☐	☐	☐
57.感到紧张或容易紧张	☐	☐	☐	☐	☐	☐
58.感到手或脚发沉	☐	☐	☐	☐	☐	☐
59.想到有关死亡的事	☐	☐	☐	☐	☐	☐
60.吃得太多	☐	☐	☐	☐	☐	☐
61.当别人看着你或谈论你时,你感到不自在	☐	☐	☐	☐	☐	☐
62.有一些不属于你自己的想法	☐	☐	☐	☐	☐	☐
63.有想打人或伤害人的冲动	☐	☐	☐	☐	☐	☐
64.醒得太早	☐	☐	☐	☐	☐	☐
65.必须反复洗手、数数或触摸某些东西	☐	☐	☐	☐	☐	☐
66.睡得不稳、不深	☐	☐	☐	☐	☐	☐
67.有想摔坏或破坏东西的冲动	☐	☐	☐	☐	☐	☐
68.有一些别人没有的想法或念头	☐	☐	☐	☐	☐	☐
69.感到对别人神经过敏	☐	☐	☐	☐	☐	☐

70.在商店或电影院等人多的地方感到不自在	☐	☐	☐	☐	☐	☐
71.感到任何事情都很困难	☐	☐	☐	☐	☐	☐
72.一阵阵恐惧或惊恐	☐	☐	☐	☐	☐	☐
73.感到在公共场合吃东西很不舒服	☐	☐	☐	☐	☐	☐
74.经常与人争论	☐	☐	☐	☐	☐	☐
75.单独一人时神经很紧张	☐	☐	☐	☐	☐	☐
76.别人对你的成绩没有作出恰当的评价	☐	☐	☐	☐	☐	☐
77.即使和别人在一起也感到孤单	☐	☐	☐	☐	☐	☐
78.感到坐立不安、心神不定	☐	☐	☐	☐	☐	☐
79.感到自己没有什么价值	☐	☐	☐	☐	☐	☐
80.感到熟悉的东西变成陌生或不像是真的	☐	☐	☐	☐	☐	☐
81.大叫或摔东西	☐	☐	☐	☐	☐	☐
82.害怕在公共场合昏倒	☐	☐	☐	☐	☐	☐
83.感到别人想占你的便宜	☐	☐	☐	☐	☐	☐
84.为一些有关"性"的想法而很苦恼	☐	☐	☐	☐	☐	☐
85.认为应该因为自己的过错而受到惩罚	☐	☐	☐	☐	☐	☐
86.感到要赶快把事情做完	☐	☐	☐	☐	☐	☐
87.感到自己的身体有严重问题	☐	☐	☐	☐	☐	☐
88.从未感到和其他人很亲近	☐	☐	☐	☐	☐	☐
89.感到自己有罪	☐	☐	☐	☐	☐	☐
90.感到自己的脑子有毛病	☐	☐	☐	☐	☐	☐

SCL-90 的中国成人常模
均分±标准差

(1)总分常模:129.96±38.76 分

$\overline{X}+2S$ 以上	207.48 分以上	高分,心理问题严重;
$\overline{X}+S\sim\overline{X}+2S$	168.72~207.47 分	较高分,有一些心理问题;
$\overline{X}-S\sim\overline{X}+S$	91.2~168.71 分	中等分,基本没有心理问题;
$\overline{X}-S$ 以下	91.2 分以下	低分,无心理问题。

(2)总均分常模:1.44±0.43

2.3 分以上	高分,心理问题严重;
1.87~2.29 分	较高分,有一些心理问题;
1.01~1.86 分	中等分,基本没有心理问题;
1.01 分以下	低分,无心理问题。

(3)阳性症状均分常模:2.60±0.59 分

3.78 分以上	高分,心理问题严重;
3.19~3.77 分	较高分,有一些心理问题;
2.06~3.18 分	中等分,基本没有心理问题;
2.06 分以下	低分,无心理问题。

(4)因子分常模

躯体化:1.37±0.48 分

强迫症状:1.62±0.58 分

人际关系敏感:1.65±0.51 分

抑郁:1.50±0.59 分

焦虑:1.39±0.43 分

敌对:1.48±0.56 分

恐怖:1.23±0.41 分

偏执:1.43±0.57 分

精神病性:1.29±0.42 分

附录 2　抑郁自评量表（SDS）

抑郁自评量表（SDS）

	偶有	有时	经常	持续
1.我感到情绪沮丧,郁闷	1	2	3	4
* 2.我感到早晨心情最好	4	3	2	1
3.我要哭或想哭	1	2	3	4
4.我夜间睡眠不好	1	2	3	4
* 5.我吃饭跟平时一样多	4	3	2	1
* 6.我的性功能正常	4	3	2	1
7.我感到体重减轻	1	2	3	4
8.我为便秘烦恼	1	2	3	4
9.我的心跳比平时快	1	2	3	4
10.我无故感到疲劳	1	2	3	4
* 11.我的头脑跟平时一样清楚	4	3	2	1
* 12.我做事情跟平时一样不感到困难	4	3	2	1
13.我坐卧不安,难以保持平静	1	2	3	4
* 14.我对未来感到有希望	4	3	2	1
15.我比平时更容易激怒	1	2	3	4
* 16.我觉得决定什么事很容易	4	3	2	1
* 17.我感到自己是有用的和不可缺少的人	4	3	2	1
* 18.我的生活很有意义	4	3	2	1
19.假若我死了别人会过得更好	1	2	3	4
* 20.我仍旧喜爱自己平时喜爱的东西	4	3	2	1

注:前注 * 者为反序记分。

粗分标准分换算表

粗分	标准分	粗分	标准分	粗分	标准分
20	25	41	51	62	78
21	26	42	53	63	79
22	28	43	54	64	80
23	29	44	55	65	81
24	30	45	56	66	83
25	31	46	58	67	84
26	33	47	59	68	85
27	34	48	60	69	86
28	35	49	61	70	88
29	36	50	63	71	89
30	38	51	64	72	90
31	39	52	65	73	91
32	40	53	66	74	92
33	41	54	68	75	94
34	43	55	69	76	95
35	44	56	70	77	96
36	45	57	71	78	98
37	46	58	73	79	99
38	48	59	74	80	100
39	49	60	75		
40	50	61	76		

附录3　焦虑自评量表(SAS)测题

焦虑自评量表(SAS)

姓名	性别	年龄

填表注意事项:下面有二十条文字,请仔细阅读每一条,把意思弄明白,然后根据你最近一星期的实际感觉,在适当的方格里打钩,每一条文字后面有四个方格,表示:A 没有或很少时间;B 少部分时间;C 相当多时间;D 绝大部分或全部时间;E 由工作人员评定。

	A	B	C	D	E
1.我觉得比平常容易紧张或着急	□	□	□	□	□
2.我无缘无故地感到害怕	□	□	□	□	□
3.我容易心里烦乱或觉得惊恐	□	□	□	□	□
4.我觉得我可能将要发疯	□	□	□	□	□
*5.我觉得一切都很好,也不会发生什么不幸	□	□	□	□	□
6.我手脚发抖打战	□	□	□	□	□
7.我因为头痛、颈痛和背痛而苦恼	□	□	□	□	□
8.我感觉容易衰弱和疲乏	□	□	□	□	□
*9.我觉得心平气和,并且容易安静坐着	□	□	□	□	□
10.我觉得心跳得很快	□	□	□	□	□
11.我因为一阵阵头晕而苦恼	□	□	□	□	□
12.我有晕倒发作,或觉得要晕倒似的	□	□	□	□	□
*13.我吸气呼气都感到很容易	□	□	□	□	□
14.我的手脚麻木和刺痛	□	□	□	□	□
15.我因为胃痛和消化不良而苦恼	□	□	□	□	□
16.我常常要小便	□	□	□	□	□
*17.我的手脚常常是干燥温暖的	□	□	□	□	□
18.我脸红发热	□	□	□	□	□
*19.我容易入睡并且一夜睡得很好	□	□	□	□	□
20.我做噩梦	□	□	□	□	□

注:加"*"号题为反题。

❓ 思考题

1.什么是心理测评？心理测评有何意义？

2.简述心理测验的定义。

3.什么是心理测验的标准化？

4.什么是测验的常模？

5.什么是测验的信度？信度有哪些类型？

6.什么是测验的效度？效度有哪些类型？

7.谈谈韦克斯勒对智力的定义。

8.谈谈韦氏儿童智力量表第四版的结构。

9.瑞文推理测验有哪几种？

10.智商如何解释？

11.人格测验有哪些不同的类型？

12.MMPI 有几个效度量表和临床量表？

13.16PF 测验结果有几类解释？

14.试述罗夏墨迹测验具体实施的 4 个阶段。

15.TAT 的评分与解释依据有哪些？

16.SCL-90 测验结果可从哪几方面进行分析？

17.简述抑郁自评量表(SDS)和焦虑自评量表(SAS)的使用方法。

本章参考文献

[1] 顾海根.应用心理测量学[M].北京:北京大学出版社,2010.

[2] 金瑜.心理测量[M].上海:华东师范大学出版社,2001.

[3] 麦坚泰,米勒.心理测量[M].骆方,孙晓敏,译.北京:中国轻工业出版社,2009.

[4] 汪向东等.心理卫生评定量表手册[J].增刊.北京:中国心理卫生杂志社,1993.

第五章
心理顾问的方法与技术

第一节　心理顾问的方法

一、心理顾问的专业特质

心理顾问的专业特质是指心理顾问应该具备的能综合地显示一个合格的心理顾问在认知、态度、感受以及亲和力、领悟力、洞察力、判断力和影响力等方面的心理素养。

心理顾问的基本专业特质要素主要有共感、关注、尊重和真诚。

1.共感

共感(Empathy)也可译成共情或同理心,是指心理顾问设身处地从心理服务对象的参照标准去体验其内心感受,从而产生亲身体验感,并领悟和把握心理服务对象之所以会有这种内心感受以及与之相关的认知、观念、态度和情感,以达到对心理服务对象境况的准确理解和把握。

共感不是心理顾问刻意模仿心理服务对象的内心感受,不是表达由于心理服务对象境况触动了自己的经历而被激起的属于自己特有的内心感受,而是要求心理顾问有意愿、有能力去领悟、体验心理服务对象的内心感受及其认知基础,以引起情感互动,拉近双方之间的心理距离,使心理服务对象能自如、开放地表达自我。

共感的基本要求:

(1)心理位置转换

心理顾问在心理上暂时进入心理服务对象的角色,放下自己的习惯标准,设身处地从心理服务对象处境的角度去体会其情绪、行为和面临的心理压力,尽可能排除自己的知识经验、价值观、个性特点和兴趣爱好等干扰,避免以自己的立场、观念、标准和感受去认定和判断心理服务对象的实际境况。

(2)真切体验和深切领悟

真切体验是指心理顾问在心理位置转换的基础上,对心理服务对象隐藏在陈述的言语信息及其伴随出现的眼神、表情、动作等非言语信息中的内心体验真切地加以感受,如同亲身体验感。深切领悟是指信息收集结束后,心理顾问要在真切体验基础上对这些信息加以梳理,深切把握心理服务对象之所以会出现这种内心体验在其认知和态度上的原因,把握心理服务对象在这种认知和态度基础上产生的观念。

（3）合理反应

心理顾问对心理服务对象的处境、内心感受和行为表现要合理地作出有利于心理问题解决的言语性反应或表情、动作等非言语性反应。这种反应既要符合心理服务对象的诉述内容,又要符合心理服务对象的内心体验,使心理服务对象能感受到心理顾问已完全掌握了自己心理问题的信息,懂得了自己的内心体验,从而拉近了心理距离,激起和强化了与心理顾问在各方面都能进行直接、自然交流的动机和愿望,同时也对心理顾问产生了信任感。

（4）留意反馈信息

心理顾问在自己作出反应后还要密切注意并重视心理服务对象对心理顾问反应所作出的反馈。如果忽视这种反馈信息,就有可能会让心理顾问和心理服务对象的心理距离复又拉开,使心理服务难以顺利进行。只有留意心理服务对象的反馈信息,心理顾问才能不断地调整自己的反应方向和内容,真正达到共感境界。

2.关注

关注是指心理顾问关心、专注和重视心理服务对象的具体心理问题,重视发现心理服务对象因具体心理问题干扰而被掩盖或难以自我发现的自身本来就存在的有利于解决具体心理问题的积极因素,这种关心、专注和重视是整体上的和无条件的。

心理顾问对心理服务对象的关注是建筑在重视心理服务对象的具体心理问题基础上的无条件的关心和专注,不是空洞的安慰。对心理服务对象而言,自己的具体心理问题能得到与己毫无利益关系的心理顾问的关心、专注和重视,在感觉上与亲友是不一样的,心理顾问的关心、专注和重视更能激励和鼓舞心理服务对象。同时,更重要的是心理顾问的关注还包括以坚定的态度注意、发现和肯定心理服务对象现有的积极因素和潜在的积极因素,对这些积极因素的认知有助于心理服务对象全面认识自我,从而增强解决自己心理问题的信心。

心理顾问对心理服务对象的关注应该是主动的、积极的。

关注的基本要求:

(1)正视心理问题

心理顾问要实事求是地对待心理服务对象实际存在的心理问题,既不能淡化甚至漠视心理问题而盲目乐观,避免心理服务对象误解为心理顾问不重视自己的心理问题或只是毫无价值的安慰,也不能过度渲染心理问题的严重性而过分悲观,避免强化心理服务对象的消极认识、消极情绪和紧张程度。心理顾问应该重视心理服务对象的心理问题,并加以理解、关怀和接纳。

(2)发现积极因素

心理顾问不仅要以积极的态度对待心理服务对象存在的心理问题,而且还要以积极的态度去发现心理服务对象身上确实存在的对解决心理问题有价值的积极因素。这些积极因素往往因心理服务对象总是将注意力集中于自己的心理问题而被无意识地忽视,以致感觉和体验不到。心理顾问注意并指出心理服务对象身上存在的现有积极因素和潜在积极因素,等于给了心理服务对象以希望和信心,使心理服务对象更充分地利用这些平时意识不到或不予看重的积极因素解决自己的心理问题。

当然,发现心理服务对象有利于解决心理问题的积极因素必须自然,要在心理服务对象的言谈、经历中去寻找,或者在与心理服务对象家庭成员的交谈中去发现。对于心理服务对象的积极因素一定要实事求是,切忌凭空杜撰。

3.尊重

尊重是指心理顾问以平等的态度尊崇和敬重心理服务对象的人格。心理顾问在心理服务过程中对心理服务对象的尊重是无条件的,但在心理服务的实践中,无条件地尊重心理服务对象却常常会被心理顾问有意无意地忽视。具体表现为:心理顾问以帮助者自居,居高临下地对待心理服务对象,以致自觉不自觉地随意打断心理服务对象的陈述,对心理服务对象的陈述心不在焉,不认真倾听甚至显露出厌烦情绪而对心理服务对象陈述的某些内容不予理会,漠视心理服务对象的心理需求,并以生硬的口气把自己的意见强加给心理服务对象。当然,在现实生活中尊重应该是相互的,但在心理服务实践中,由于心理服务对象对心理顾问的期望值往往过高,因而一旦心理顾问的心理服务不符合心理服务对象的意愿,则有可能在言谈话语中表露出不满意或不愿接受。倘若心理顾问太过在意且认为心理服务对象是不尊重自己,则强势对待甚至厌烦和鄙视心理服务对象的情况就有可能发生。因此,在心理服务中即使心理服务对象流露出对心理顾问的不尊重,心理顾问也不能对心理服务对象表现出不尊重,否则一定会伤害心理服务对象的自尊心,从而破坏双方关系而影响心理服务进程和心理服务效果。心理服务对象只有真正体会到被尊重,才能彻底开放自己的内心世界,与心理顾问进行自然的心理沟通。

尊重的基本要求:

(1)肯定

心理顾问对心理服务对象在心理服务过程中值得肯定的表现和表达的合理意见,应及时通过鼓励、赞同和赞赏加以肯定。肯定的尊重作用是通过人皆有长处和优点,心理服务对象也不例外这个事实,以提升心理服务对象的自尊、自信来实现的,目的在于帮助心理服务对象建立良好心态,提高心理服务对象的调适信心。肯定可以用微微点头、鼓励的目光,也可用赞赏的言语等方式来表示。当然不该肯定的也不能胡乱肯定,以免误导。

(2)容忍

心理顾问要耐心倾听心理服务对象对心理问题的陈述及其心理服务过程中表达的意见,即使比较啰唆,或者意见与心理顾问相悖,也应该在情绪情感和言语行为上容纳忍受。只有容忍,心理服务对象才能在受到尊重的心态下尽情袒露自己内心深处的心理资料,心理顾问才能冷静全面地把握心理服务对象陈述的心理问题和所表达的意见的真正含义。尤其需要重视的是,当心理服务对象迟迟未领悟或未接受心理顾问的解释、指导或劝告时,千万别随意用指责的语气对心理服务对象说诸如"你怎么还没理解"这样有伤心理服务对象自尊心的话,以免引起心理服务对象尴尬或反感情绪,从而破坏心理服务气氛。

(3)温暖

心理顾问通过语言或表情、动作等非言语途径来表达对心理服务对象心理问题的理解、同情和关心。给心理服务对象以温暖,既是一种对心理服务对象的心理支持,也是一种对心理服务对象在情感层面上的尊重。如用点头、眼神、手势以示理解、同情和关心等。但温暖的表达一定要掌握分寸,不能过分,同时也要考虑心理服务对象的年龄、性别、性格等特点。

4.真诚

真诚是指心理顾问不戴专业面具地表现真实的自己,对心理服务对象真挚诚恳,坦诚相待,既不刻意掩饰自己的想法和态度,也不以种种自我防卫方法来维护自己的权威和面子,以透明开放、真心诚意的心态获取心理服务对象的信任。

在心理服务中,心理顾问的真诚本身就具有一种榜样和示范的作用,只有以诚待人,人才能以诚待我,才能使心理服务对象感到心理顾问是值得信任的,是可以交心的,而不至于掩饰、隐藏和回避。

真诚的基本要求:

(1)淡化专业角色

淡化专业角色并不是要求心理顾问忘却自己的专业责任,而是要求心理顾问不要时不时就摆出心理顾问的架势,在言谈举止中尽量淡化学院式的专业色彩,尽量少用或不用不易被心理服务对象理解的专业术语,如果必须用专业言语才能解释清楚,也要用通俗易懂的语言。当然,在判断心理问题性质、分析心理服务对象认知偏误、提出调适和矫正心理服务对象心理问题劝告与建议时,心理顾问应该清醒意识到自己的心理顾问角色,不能混同于普通聊天,但这种专业素养的显示是自然而然的。

(2)表达真实感受

心理顾问在表达自己的意见时不能含含糊糊、遮遮掩掩,不能过分担心唯恐自己的语言有所闪失而前顾后盼,而应该根据自己的真实感受表达真实的内容。当然也不能毫无控制地任凭自己的冲动、口无遮拦地随意表达有可能伤害心理服务对象情感、自尊的想法和感受。表达感受必须真实,但要讲究方式方法。

(3)防止自发的自我防卫反应

当心理顾问在心理服务过程中提出的解释、建议受到心理服务对象的阻抗、诘难甚至直接否定时,要沉得住气,不要为了维护自己的自尊和权威去急于作出解释、辩白或直接攻击心理服务对象,而应该耐心听取,充分理解,因为阻抗、诘难、否定往往意味着心理顾问的解释、建议还不到位,或心理服务对象还没有完全领悟和理解心理顾问的解释、建议,这种情况下可进一步有说服力地进行阐述或换个角度再度阐述。当然,心理顾问表达的观点、意见有不当或不合理之处,则应该实事求是地予以纠正,这本身就是真诚的表现。

(4)表里如一

心理顾问的言行应与自己的认知和内心感受一致,不能讲的是一套,想的又是另一套,不能给心理服务对象一种心理顾问自己讲的连自己也不太相信的感觉,否则心理服务对象就会感到心理顾问虚伪和不真诚。如果给心理服务对象留下虚伪和不真诚的印象，心理服务就不可能成功。

二、心理顾问的基本方法

心理顾问的心理服务基本方法体现在心理服务的主要手段——心理服务会谈之中，主要有以下一些基本方法，这些基本方法在心理服务中是综合地表现出来的。

1.倾听

倾听是指心理顾问专心地听取心理服务对象对其心理问题的诉述，这是心理服务会谈中心理顾问获取信息的基本手段。倾听不仅能够使心理顾问了解心理服务对象心理问题的具体内容以及情绪表现，而且也能够使心理服务对象的消极情绪得以释放和疏泄。前者是成功进行心理服务所必需的，后者本身就是心理服务所要达到的目的之一。

倾听的基本要求：

（1）认真听取诉述

倾听心理服务对象的诉述，一要专心，要全神贯注，以示诚恳、专注和重视，不可东张西望或任意翻阅资料，也不可东想西想，思想开小差。二要耐心，不能表露出任何的不耐烦，如皱眉、厌烦的眼神或埋怨心理服务对象陈述啰唆等，以免中断心理服务对象的诉述或引起心理服务对象的反感。三要客观全面，要鼓励心理服务对象把全部观念、事实和感受表达出来，并持非评判性态度，客观地、全面地获取心理服务对象传递的信息，心理顾问不能以自己的价值观为标准对心理服务对象的诉述内容随意进行取舍，也不能以自己的临床经验和生活阅历对心理服务对象的诉述内容随意进行过滤，更不能带着主观偏见和个人好恶、兴趣对心理服务对象的诉述内容进行随意的具有结论式的评判，以免影响心理服务对象的诉述方向和情绪。

（2）留意非言语信息

心理服务对象通过姿势、动作、表情、语调等流露出来的非言语信息，如神态是否自然、手势是否刻板、面部是否呆滞、声音是否颤抖等，也需要留意，有助于正确把握心理服务对象的内心世界，更准确、全面地领会和理解心理服务对象诉述的言语性信息。

　　此外,在倾听时如果发现心理服务对象在倾诉中宣泄负性情绪,心理顾问应该顺其自然,不要刻意抑制这种宣泄,以使心理服务对象在负性情绪的宣泄中减轻精神压力。如果某些具有宣泄式的倾诉显得过于啰唆,则应予以安慰,并把心理服务对象的倾诉引回到心理问题的陈述上来。

2.询问

　　询问是指心理顾问在心理服务对象诉述的基础上,通过恰如其分的提问以控制心理服务会谈的方向和内容,并进一步获取更翔实的心理服务对象心理问题资料。

　　询问可以分为封闭式询问和开放式询问。封闭式询问是心理顾问在心理服务对象诉述的内容范围内,就特定的信息内容和含义进行确认与印证。通常用类似"是不是""对不对"等句式提出,其功能在于澄清事实,以取得共识。但封闭式询问也有明显的限定功能,可以使心理服务会谈内容更加集中,不至于偏离正题。开放式询问是心理顾问根据心理服务对象诉述的内容进行深化和扩充的追踪式提问。通常用类似"什么""怎样""为什么""能不能"等句式提出,其功能在于获得心理服务对象深层次的、更丰富的信息资料。

　　询问的基本要求:

　　(1)讲究时机

　　询问时机应该选择在心理服务对象诉述自动中断、诉述模糊不清或前后矛盾时以及诉述完毕之后进行。选择在心理服务对象诉述自动中断时进行询问,目的在于使心理服务对象的诉述得以继续;选择在心理服务对象诉述模糊不清或前后矛盾时进行询问,目的在于使心理服务对象的诉述内容得以澄清;选择在心理服务对象诉述完毕之后进行询问,目的在于使心理服务会谈得以向纵深推进。如果不讲究时机随便打断心理服务对象的诉述进行询问,则就会打乱心理服务对象的思路,甚至可能把心理服务对象诉述方向引入歧途而使其忘记或偏离原来要诉述的关键内容。

　　(2)控制题量

　　询问要根据心理服务对象的具体心理问题以及心理服务对象的诉述内容提出问题,题量应该适度,不宜过多或过少。询问过多会使心理服务对象依赖提问从而被动作答而不主动进一步连贯诉述,也会使心理服务对象感到处于被"审问"的地位而产生抵触情绪和防卫心理,甚至还会因不当询问对心理服务对象产生误导。询问过少则会使心理服务对象误认为心理顾问对自己的心理问题已了然于胸,而不主动进一步作必要的补充性诉述;也有可能让心理服务对象误认为心理顾问提不出更多问题,而怀疑心理顾问的心理服务能力。

(3)注意题意

询问的题意一定要清晰明了,易于回答,且有利于推动心理服务会谈的进程和深入。询问不能太抽象,也不能含糊不清,避免心理服务对象难以回答、不愿回答而陷入僵局。询问也不能原地踏步,题意只是简单的重复,避免心理服务会谈难以向前推进和深入发展。

3.具体化与聚焦

具体化与聚焦是指心理顾问既要引导心理服务对象用具体明了的语词陈述心理问题的具体表现及其具体诱发性事件等相关信息,也要引导心理服务对象有针对性地把心理问题集中到关键之处。同时,心理顾问在这些具体化资料的基础上实现聚焦,抓住要害,从整体上把握主要问题,以使咨访双方都能对心理问题产生的原因、表现及其相应的情绪体验得到准确、清晰的理解和把握。

在心理服务会谈过程中,心理服务对象的诉述常常会出现两种偏向:一是过于笼统、简略,或者说不清心理问题的具体表现,陈述非常抽象,或者说不清具体原因而仅倾诉种种消极情绪体验;二是过于烦琐、杂乱,或者啰唆、杂乱无章,或者诉述漫无边际、不得要领。这两种偏向都不利于双方进行顺利的交流沟通,不利于心理顾问对心理服务对象的心理问题和心理服务对象对自己的心理问题进行全面衡量和整体把握。因而为了使心理顾问能准确无误地理解和把握心理服务对象的心理问题,也为了帮助心理服务对象明确了解自身面临的心理问题,心理顾问既要使心理服务对象的心理问题及其相关信息具体化,使之详尽,也要在具体化的基础上,通过聚焦将心理问题及其相关信息予以集中,使其主要的、关键的内容能准确清晰地得以显示出来,以利于问题的解决。

具体化与聚焦的基本要求:

(1)语词清晰明了

心理顾问与心理服务对象在交流沟通中要使心理服务对象陈述心理问题及其

相关信息时语词清晰明了,心理顾问首先自己应该谈吐清晰,语意明了,言语不能啰唆、词不达意或模棱两可、含混不清,以免引起心理服务对象厌烦或者使心理服务对象费神捉摸和猜想。同时也要注意言语不能过于简单、抽象,以免使心理服务对象难以理解而不知其所云。无论是询问、释意,还是解释、指导,心理顾问的言语都要清晰、得当、妥切、确凿、明了,只有这样才能起到示范作用,以影响和引导心理服务对象也用同样的言语与心理顾问进行交流沟通,从而获取心理服务对象的全面心理资料。

(2)指向心理问题具体状况

心理顾问应该引导心理服务对象讲清心理问题的具体状况,包括心理问题的具体表现、持续时间、严重程度以及有无诱发性事件等。如果有诱发性事件,还应该把诱发性事件的来龙去脉讲清楚,心理顾问只有掌握了心理服务对象心理问题的具体资料,才有可能弄清心理服务对象的心理问题及其症结所在。倘若心理服务对象把诉述的内容始终局限在自己的思绪、观念、感受和体验上,也应该通过询问让心理服务对象说清之所以会产生这些思绪、观念、感受和体验的具体事实,事实应该具体,不要忽视或随意丢弃有助于说明问题的细节,让事实来揭示心理服务对象的心理问题及其症结所在。

(3)归纳集中

心理顾问在具体化的基础上实现聚焦,从整体上把握主要问题,即把心理问题集中到关键之处,抓住要害。只要关键和要害问题解决了,其他问题也容易解决。如果眉毛胡子一把抓,心理服务对象未必清楚自己的心理问题症结所在,心理服务也会失去应有的针对性。

具体化和聚焦必须结合起来,否则,过分强调具体化而忽视聚焦,就会使双方的言语交流陷入无价值的细枝末节的讨论之中,过分强调聚焦而忽视具体化,也会使双方的言语交流过于抽象、概括而失去准确理解和把握心理服务对象心理问题的事实基础,最终有可能因失去具体心理资料的支撑而导致错误领会。

4.释意

释意是指心理顾问正确地诠释或意译心理服务对象诉述的主要和基本内容,或全面内容,以澄清或印证心理服务对象诉述的含义,使双方对心理服务对象的心理问题取得共识。

与封闭式询问澄清或印证局部信息不同,而释意澄清或印证的是主要或基本的信息,甚至是全面的信息。澄清或印证的方法则是心理顾问通过对心理服务对象诉述的主要或基本信息,甚至是全面信息,进行诠释或意译以获得心理服务对象确认。这种确认能使双方对心理服务对象的心理问题取得共识,从而使心理服务具有明确的针对性,这也是释意的主要作用。此外,释意还具有使心理服务对象感到自己的诉述被重视和被理解的暗示作用,以及使心理服务对象再次审视自己的心理问题并作出必要补充以使诉述更完整的信息收集作用。

释意的基本要求:

（1）要简明扼要

释意是对心理服务对象在诉述中所提供的主要或基本信息,或者全面信息进行提纲挈领的复述。复述不是对心理服务对象所提供的信息进行简单的重复,而是在领会这些信息的基础上对这些信息加以浓缩后进行简述,因而简述要简明扼要,不能冗长烦琐。同时,为了使简述符合心理服务对象的原意,应尽量运用心理服务对象诉述中的关键词。

（2）要客观准确

虽然释意时心理顾问难以避免地常会带有一定的主观认知,但在基本含义上不能破坏心理服务对象诉述内容的客观性,不能随意添加主观内容,否则容易产生歧义,使心理服务对象心理问题的重点发生偏离而导致心理服务失去针对性。同时,在释意后还要注意观察来访者的反应,如心理服务对象感到自己的心理问题未被准确理解,则应通过心理服务对象的补充诉述,重新释意,直至双方对心理服务对象的心理问题取得共识。

5.鼓励

鼓励是指心理顾问借助语气词或表情动作来表达对心理服务对象心理问题的理解和重视,以强化心理服务对象诉述的动机,并激发和提升心理服务对象在心理顾问的引导和指导下通过自己的努力解决心理问题的愿望与信心。

鼓励有利于调节心理服务会谈气氛,消除心理服务对象的紧张和顾虑,缓解心理压力,使诉述更加自然、流畅;有利于使得到鼓励的诉述内容能深入展开,以获取全面而关键的信息;有利于提高心理服务对象通过心理服务和自助解决心理问题的信心。

鼓励可以用言语,如"别紧张,放松些""你陈述得很清晰"等;也可以用表情,如显露理解、重视、期盼的眼神等;还可以用动作,如微微点头等。

鼓励的基本要求:

(1)要有针对性

鼓励通常应该在心理服务对象感到紧张和顾虑时,或者在心理服务对象由于怕引起心理顾问误解、耻笑和不愿暴露隐私而欲言又止时,或者在心理服务对象说得很清晰、讲得有道理而需要强化时,或者在心理服务对象对通过自己的努力解决自己心理问题缺乏动力和信心时运用。鼓励具有激发和勉励作用,不能不管心理服务对象诉述的具体内容而随意运用,避免心理服务对象造成误解,否则心理服务对象的某些认知偏误、负性情绪和不当行为,在心理顾问不经意的鼓励下,就有可能被心理服务对象误认为心理顾问表示认同,从而与心理顾问的心理服务意向背道而驰。

(2)要有选择性

鼓励通常应该选择需要心理服务对象深入诉述的重要内容,尤其是关键内容,心理服务对象在诉述这些内容时往往比较强调、情绪反应比较强烈,以获取重要而关键的信息。应该选择心理服务对象自我探索性的内容,以利于心理服务对象深入认识自我,为通过自助解决心理问题创造认知条件。应该选择心理服务对象对解决心理问题缺乏信心或对心理顾问的指导需要通过心理服务对象自己平时主动操作但又缺乏动力等时运用,以强化心理服务对象对心理服务的信心和自助动机。

6.解释

解释是指心理顾问依据心理学的相关理论、合理的思考方式以及个人的心理服务或生活经验,对心理服务对象的心理问题及其原因和存在的认知偏误进行有说服力的分析与说明,使心理服务对象受到启迪,扩展视野,调整思路,以获得新的领悟。

心理服务对象之所以会产生心理问题甚至对此困惑不解,可能是未曾探索过心理问题发生的深层次原因,也可能是对引起心理问题的现实刺激性事件作了偏误的思考和评价,甚至陷于有害的自我解释之中而不能自拔。如果心理顾问能对心理服务对象的心理问题进行有效的启发性解释,那么势必能使心理服务对象豁然开朗,获得新的认知。

解释在心理服务会谈中对心理服务对象的影响力是显而易见的,但解释要取得成效绝非易事,解释太笼统常会给心理服务对象一种"说教""讲大道理"的感觉,解释不合理则有可能强化心理服务对象的心理问题或产生新的心理问题。

解释的基本要求:

(1)要紧扣心理问题

不要偏离心理服务对象的心理问题本身及其原因或认知偏误而随意发挥、夸夸其谈,更不能故意回避心理问题顾左右而言他,否则会封闭心理服务对象的心理症结,阻断心理服务会谈的正常进行。

(2)要考虑心理服务对象的接受意愿和理解能力

解释不能脱离心理服务对象当时的心理状态和接受意愿,否则就会使心理服务对象产生逆反心理而不愿意听取。因此心理顾问一定要根据心理服务对象当时的心态,设法找到一个解释的切入点和突破口,以激发心理服务对象的聆听兴趣和意向。解释也不能脱离心理服务对象的实际知识和领悟能力进行强迫灌输,不能大谈心理服务对象难以理解的心理学理论和专业术语,否则将使心理服务对象坠入云雾之中而不得要领。因此心理顾问一定要根据心理服务对象的理解能力,通俗易懂地娓娓道来,言语清晰,分析入理,逻辑严谨。

(3)要有新意和限度

解释时不能总讲些老生常谈式的套话,这些套话即使有一定说服力,也常会引起心理服务对象的反感,当然更不能进行空洞说教,大谈谁都懂得的不切实际的大道理,这同样会引起心理服务对象的逆反心理。解释也不能过分,过分解释不但会使心理服务对象难以消化而流于形式,而且也会诱发心理服务对象的依赖心理,妨碍其自我认识,压抑其心理潜能。

7.引导

引导是指心理顾问引领心理服务对象对其心理问题及其原因导向正确的认知,并激发心理服务对象通过其自身的努力解决心理问题的心理动力。

引导不仅有助于心理服务对象改变对自己心理问题及其原因的不合理认知,而且也有助于心理服务对象发挥自身现有的积极因素和挖掘心理潜能,以激发通过自身努力解决心理问题的动机和愿望,增强自助的信心。

引导的基本要求：

(1)要使心理服务对象合理地看待心理问题及其原因

要让心理服务对象懂得心理问题带来的心理压力,如果处理得好也会成为生活的动力,使心理服务对象看到心理问题在其心理健康发展中也有提高心理承受能力的积极作用。

引导可以用某些类似的成功案例使心理服务对象受到启迪,从而改变其原有对自身心理问题及其诱发原因的不合理认知,以激发心理服务对象通过自身努力解决心理问题的动机和愿望,也可以讲些有启迪性的经典故事,使心理服务对象通过联想自然地改变原有的认知和观念,并增强自助的信心。

(2)要把心理问题解决的远期目标分成若干可以逐步实现的近期目标

把心理问题解决的远期目标分成若干可以逐步实现的近期目标,其目的在于使心理服务对象在不断实现近期目标的过程中增强其成功的自信心,同时也能逐步逼近远期目标而使心理服务取得明显的效果。

(3)引导的重点应放在心理服务对象对自我价值的认识上

要让心理服务对象在心理顾问的引导中看到自己的价值,看到自己现有的现实能力和潜在能力,相信在心理顾问的帮助下自己完全有能力通过自己的努力解决自己的心理问题,同时也能防止在心理服务过程中心理服务对象出现对心理顾问过分依赖的心理。

8.指导

指导是指心理顾问针对心理服务对象的心理问题直接指点和示意心理服务对象做什么和怎样做,使其通过实践实现认知、情感和行为的改变并最终解决心理问题。

指导可分为一般性指导和特殊性指导。一般性指导是心理顾问根据心理发展规律以及个人和他人的成功经验对心理服务对象进行指导;特殊性指导是心理顾问向心理服务对象提供自我调适和矫正的专门方法的指导。其中特殊性指导是关键性指导。两类指导应根据心理服务对象心理问题的性质予以选择,可以单独进行,但更多的是结合进行。

指导的基本要求：

(1)要激发心理服务对象遵照指导去行动的意愿和动机

如果心理服务对象缺乏行动意愿或虽有行动意愿但事后却懒于行动,则指导无异于纸上谈兵,于事无补。因此心理顾问一定要重视发挥心理服务对象自助的功能,切不可包办代替,让心理服务对象明了解决心理问题需要心理顾问和心理服务对象的共同努力才能取得效果,心理问题的解决最终还是要落实到心理服务对象的自助意愿及其行动上。

（2）要清晰具体

既要讲清心理服务对象"做什么",讲清这么做的理由以及在解决心理服务对象心理问题中的作用,让心理服务对象真正懂得遵照心理顾问的指导,自己应该去做什么以及做了后会改变什么,使心理服务对象心中有数,提高其行动的自觉性和信心;也要讲清心理服务对象该"怎么做",讲清并让心理服务对象懂得和掌握如何做的具体步骤和方法。

（3）要考虑效果

指导一定要讲究效果,对不同的心理服务对象和不同的心理问题要有针对性,不能不问心理服务对象的具体情况和具体心理问题机械僵化地用自己习惯的指导内容和方法去进行指导,否则心理服务对象即使按心理顾问的要求做了,效果也未必理想。

9.劝告

劝告是指心理顾问就心理服务对象的心理问题直接向心理服务对象提供合理思考和正确处理的劝勉与劝导性的具体意见,使心理服务对象通过自己的努力解决自己的心理问题。

"劝告"不同于"解释""引导"和"指导"。"解释"是对心理服务对象的心理问题和原因,以及可能存在的认知偏误进行有说服力的分析和说明。"劝告"虽也要讲明事理,但主要是勉励、告诫;"引导"是引领心理服务对象将其心理问题及其原因导向正确的认知,但往往比较间接,"劝告"则是直接的;"指导"偏重于解决心理问题的具体方法,"劝告"不偏重于具体方法,而侧重于使心理服务对象接受解决心理问题的合理思考和正确处理的方向。当然,"劝告"在心理服务的实际操作过程中,常常是与"解释""引导""指导"结合在一起的。

劝告的基本要求:

（1）要可接受、可行、有效

可接受是指心理服务对象愿意接受、能够接受,否则就会引起心理服务对象的反感。可行是指劝告的内容与心理服务对象的心理问题是切合的,心理服务对象是可以做到的,否则就是纸上谈兵,不可操作。有效是指要有事实和科学的依据,对心理服务对象形成合理思考的方向和采用正确处理心理问题的方法具有启发和促进的作用,否则就是无关痛痒的泛泛空谈。

(2)要侧重于认知调整

侧重于认知调整的目的是帮助心理服务对象形成合理的思考方向和方法,使其在此基础上正确处理自己的心理问题。如果忽视对心理服务对象的认知调整而只是就事论事地处理心理问题,则有可能助长心理服务对象的依赖心理,不利于发挥其潜能。

(3)要适度使用劝告

劝告不宜过多使用,劝告内容也不宜过多。过多使用劝告会使心理服务对象失去对心理顾问的信任感,误以为心理顾问的心理服务技术不过尔尔,甚至会怀疑心理顾问的能力而影响心理服务会谈进程和效果。劝告内容过多则滥,容易杂乱甚至前后矛盾,使心理服务对象无所适从而不知所措。

10.反馈

反馈是指心理顾问就心理服务对象的心理问题表达自己的看法和想法,以启发心理服务对象从新的角度并以更开阔的视野重新省视自己的心理问题,从而达到影响心理服务对象认知和行为的目的。

反馈与解释的不同之处在于:反馈是心理顾问直接地表达自己对心理服务对象认知和行为等的看法和想法,这种看法和想法可以是对心理服务对象认知和行为,以及认知和行为中的某些合理成分的肯定,也可以是对心理服务对象认知和行为,以及认知和行为中的某些不合理成分的否定,以此促使心理服务对象重新审视自己的认知和行为,重新了解自己存在的心理问题及其想法和看法是否合情、合理,使心理服务对象更正确地处理自己的心理问题。解释则是心理顾问对心理服务对象产生心理问题的原因尤其是认知偏误方面的原因进行有说服力的分析和说明。但由于反馈和解释都有改变心理服务对象认知偏误的功能,因而在心理服务会谈中通常结合使用。

反馈的基本要求:

(1)正面合理

对心理服务对象的认知和行为要正面回应和合理回应。正面回应是指不回避心理服务对象的认知和行为,直接地表达自己的看法和想法。合理回应是指心理顾问的看法和想法应该积极正确,有利于心理服务对象从积极正确的方向重新审视自己的认知和行为。因此,心理服务对象合理的认知和行为,以及认知和行为中某些合理成分应予肯定,反馈不是不分青红皂白地对心理服务对象的认知和行为进行必然否定和全盘否定,否则反馈就成了毫无道理的反驳了。同样,心理服务对象不合理甚至有害的认知和行为,以及认知和行为中某些不合理甚至有害的成分应予否定,但这种否定必须用心理顾问合理的看法和想法去予以否定,而不是以另一种不合理或貌似合理实际上不合理的看法和想法去否定,否则就会产生误导而走向心理服务目的的反面。

(2)要有新意

心理顾问的看法和想法尽量要有新意,新意可以是看法和想法的含义新,也可以是切入的角度新,还可以是措辞新,总之尽量给心理服务对象以一种新鲜感,并富有启发性。如果心理顾问的看法和想法无异于心理服务对象早已就从周围人那里得到的反馈意见,不能让心理服务对象产生一种清新的甚至是恍然大悟的感觉,反馈就有可能会失去应有的作用。

(3)说明理由

反馈不是对心理服务对象认知和行为的简单肯定或否定,而是有理由的肯定和否定。心理顾问只表达对心理服务对象认知和行为的看法和想法是不够的,心理服务对象未必能够理解和接受。心理顾问只有在表达自己反馈意见的同时作了言之有理的解释和说明,充分说明了可接受的理由和作了令人信服的解释,心理服务对象才会心悦诚服并获得新的启示。因此,在反馈时心理顾问常常会用"解释"来强化自己的看法和想法,从而使心理服务对象从内心自觉地重新审视自己的心理问题及其原有的看法和想法。

11.总结性概述

总结性概述是指心理顾问在心理服务会谈过程中或心理服务会谈结束时,把心理服务对象的心理问题及其实存在的认知、情绪和行为上的偏误,以及心理顾问关键性的应对意见和方案,经集中整理后以总结的形式加以概述,使心理服务对象能清晰全面、印象深刻地了解心理服务会谈过程中某个阶段或心理服务会谈全过程的心理服务会谈内容和收获。心理顾问自己也能重温并审视心理服务会谈策略、方法和应对重点,并作必要的强调,同时也能借此机会弥补在心理服务会谈中可能出现的不当之处,从而使心理服务更加合理,更加严谨,更加有效。

总结性概述可以在心理服务会谈过程"某个阶段"结束准备进入下个阶段时进行。"某个阶段"既可以是心理服务会谈过程的某个环节,如在心理顾问的"解释"被心理服务对象认同接受后,对心理服务对象认知偏误以及通过"解释"改变这种偏误后心理服务对象已出现的某些变化予以总结性概述;"某个阶段"也可以是心理服务会谈过程中需要解决的相互联系的若干问题中的某个问题,使心理服务对象厘清这些问题,以顺利推进心理服务会谈进程。

总结性概述也可以在一次心理服务会谈全过程结束时进行。在心理服务会谈过程"某个阶段"结束准备进入下个阶段时进行所谓的总结性概述,实际上只是"小结性概述"。在一次心理服务会谈全过程结束时进行总结性概述才是名副其实的"总结性概述"。这样的总结性概述有利于梳理心理服务对象的心理问题及其更深层次的原因,有利于梳理心理顾问的心理服务会谈策略及其效果,有利于发现心理服务会谈中尚未解决的问题以及同心理服务要达到的预期目标的距离,以便使下一次的心理服务会谈更具有针对性,双方配合得更加默契,取得更好的心理服务会谈效果。

总结性概述的基本要求:

(1)条理分明,重点突出

总结性概述必须条理分明。就一次心理服务会谈全过程结束时进行的总结性概述而言,一次心理服务会谈全过程的信息量是非常大的,如果不能将这些信息分门别类加以整理并条理分明地进行概述,心理服务对象就有可能难以清晰地感知心理顾问在心理服务会谈过程中的具体对策和方法,不能清晰地感知自己心理问题在心理顾问的帮助下逐渐缓解和消除的过程,也不能清晰地感知到目前的心理服务会谈效果与自己预期的差距以及这种差距是否合理及其原因等,这样就有可能使心理服务对象产生心理服务会谈与生活中聊天无异的感觉。就心理服务会谈过程"某个阶段"结束准备进入下个阶段时进行的总结性概述而言,"某个阶段"的信息量虽然不会非常大,但概述模糊不清、条理杂乱,心理服务对象同样也有可能会感到心理服务会谈仍在原地踏步或兜圈子,不知道自己的心理问题到底是什么性质的问题,不知道这个阶段到底讨论分析了哪些具体问题,甚至不知道为什么要进入下一个阶段,这样,心理服务会谈就难以自然、顺利、有效地进行下去。因此,无论是心理服务会谈全过程结束时还是"某个阶段"结束时进行总结性概述,一定要条理分明地把心理服务对象的心理问题、产生的心理原因尤其是认知偏误方面的原因、心理顾问的应对措施非常简明扼要地概述清楚。简明扼要是条理分明概述的基本要求,有时可用一两句话说清,如心理服务对象心理问题的性质等,有时则可稍详细一些,但也只是在简明扼要基础上的稍详细,如调整矫正的方法等。

总结性概述也须重点突出。如果总结性概述时重点不突出,心理服务对象也有可能对心理服务会谈印象不深,不知主要收获何在,有时甚至会产生无所谓的感觉。因此,在总结性概述时,心理服务会谈过程中的重点环节和重点内容要予以强调,同时,心理顾问能够明显感知和体悟到的心理服务对象各方面的有利变化,同样也要予以强调,所有这些"强调"都是一种非常积极的强化,既有利于加深心理服务对象的印象,也有利于心理服务会谈效果的巩固。

(2)清醒考量,拾遗补缺

总结性概述的一个非常重要的功能就是心理顾问可以清醒回忆心理服务会谈的具体过程,并考量心理服务会谈质量。这样,一旦发现遗漏,或虽不属于遗漏但如果加以涉及心理服务会谈效果会更好,就可以补缺性地加以补充阐述。当然,这并不意味着拾遗补缺都要在概述时进行,心理服务会谈过程中的任何一个环节,只要发现有遗漏,都应该予以及时补充。概述时的拾遗补缺只是借助清醒考量心理服务会谈过程的机会,更容易发现遗漏或再一次提供补缺的时机而已。此外,如果在概述时发现心理服务会谈过程中有明显的不当之处,也必须实事求是加以纠正,切不可为了维护心理顾问的所谓"自尊"或"权威"而掩盖过去,否则就会给心理服务对象带来消极负面影响而使心理服务会谈走向预期的反面。

第二节　心理顾问的技术

一、心理分析技术

心理分析技术是使心理服务对象在无拘束的会谈中通过各种心理分析领悟到心理问题的症结所在,并逐渐重组心理活动和改变行为方式的技术手段。

心理分析技术源于精神分析治疗,建立在弗洛伊德精神分析理论基础上的传统精神分析治疗,主要技术是自由联想、移情处理、梦的分析和解释等;建立在以荣格等为代表的新精神分析理论基础上的新精神分析治疗,因仅运用精神分析理论与原则,改背对背的自由联想为面对面会谈并进行心理分析而被称为分析性心理治疗。

心理分析技术的步骤与技术要点:

1.全面了解与综合掌握心理服务对象的心理资料

心理服务对象的心理资料应包括个人生活史、心理问题产生的时间、具体表现、有无社会功能影响或损害及其严重程度等。综合掌握心理服务对象的心理资料要连接"过去"与"现在",心理服务对象陈述过去的事时,要引导其思考可能对现在的影响,在陈述现在的事时,要引导其思考可能与过去的经历有关。要连接"意识"与"潜意识",心理服务对象有意识陈述自己的心理活动时,要引导其思考在潜意识中是否会有相关的欲望与动机,在陈述中无意识地披露了隐藏在潜意识内的欲望与动机时,要引导其思考可能同意识层面上的现实表现有联系。要连接"理智"与"情感",心理服务对象陈述如果始终非常理智,要注意其被隐藏的情绪情感,陈述时如果过分情绪化,则要为其理清逻辑关系等,以获得较为准确的信息。当心理服务对象对心理顾问产生"移情"时,则要连接并了解心理服务对象幼年时与父母的情感关系,并适当地予以解释和运用。

了解与掌握心理服务对象的心理资料并不局限于面对面会谈,也可通过以下一些技术获取:

成熟的交流干预——鼓励心理服务对象通过给心理顾问写信或微信聊天、发电子邮件等渠道与心理顾问进行交流,以使心理服务对象在他们认为合适的时候释放移情关系中的各种情绪。这种在与心理顾问一系列交流中的多次情绪释放,会因心理顾问的理解并有针对性地加以解释、引导等成熟的交流性干预,不仅能使心理服务对象的心理问题逐渐得以调整,也能促进心理服务对象对现实的认知日趋成熟,使心理能量更富有创造性。

简化的自由联想——为使自由联想更具操作性,自由联想的表达可转移至心理服务对象的日常生活中,由口语转化为简洁的书面言语,通过想写就写、有话就写的微信、短信、电子邮件等方式来替代并简化传统精神分析治疗在治疗室中自由联想的操作方法,这样获取心理服务对象的心理资料会更自然和真实。

不管用何种技术手段获取心理服务对象的心理资料,心理顾问都要引导心理服务对象宣泄伴随或压抑着的消极情绪,并予以充分理解,以减轻心理服务对象的心理压力。

2.分析解释

分析解释关键是要讲究时机、重点和方式。

讲究时机是指当心理服务对象陈述的心理资料矛盾而自己又意识不到,或对自己意识到的心理活动自己出现困惑不解而期待心理顾问指点,或心理服务对象对自己的心理问题主动提出疑问等显露出接受心理顾问的分析解释意愿时,心理顾问就要抓住这些时机予以分析解释,否则不合时机的随意分析解释,心理服务对象就有可能从内心拒绝听取。此外,心理服务对象在心理顾问分析解释时出现"阻抗"现象,也是心理顾问能够与心理服务对象共同探讨分析解释内容并以此作进一步分析解释,从而使心理服务对象最终认同接受的重要时机。

讲究重点是指既要抓住心理服务对象在陈述时反复强调的内容或在情感上反应强烈的内容进行分析解释,更要针对心理服务对象心理问题的具体表现及其诱发因素或可能的症结所在进行入理的分析解释。如果心理服务对象有明显的认知、观念上的偏误,心理顾问同样也应该通过适当的分析解释予以调整。

讲究方式是指既可以先由心理顾问提出疑问引起心理服务对象思考,以激发心理服务对象自我分析解释的动机并先由心理服务对象先行自我分析解释,使其自我领悟,然后由心理顾问根据其分析解释通过指点使其进一步分析解释以加深自我领悟,或由心理顾问根据心理服务对象的分析解释进行补充性深入分析解释。也可以一开始直接由心理顾问进行针对性的分析解释,并逐渐将其引导成心理顾问与心理服务对象双方共同进行讨论式的分析解释,以加深心理服务对象对分析解释内容的印象、领悟和接受认可程度。

3.在行动中体现并巩固效果

心理服务对象领悟后有可能会出现反复,在心理分析时似乎已理解,但事后又感到有点困惑,因而在整个心理分析阶段,心理顾问要通过每一次会谈加以了解并有针对性地再次进行分析解释,在层层、次次的分析解释中,使心理服务对象不断强化领悟。但心理分析不能停滞在领悟层面,更重要的是还需要通过鼓励、督促心理服务对象练习,使心理服务对象把这种领悟落实在行动中,从而解决心理问题。

心理顾问也常会利用心理服务对象自然"反映出自我消极无意识成分"的机会,来设计一种有针对性的方法使心理服务对象理解并自愿改变自己的行为而使心理问题得以解决。这种方法实际上是把领悟和在行动中体现效果巧妙地结合起来,其本身也是心理分析的技术手段——"反映出自我消极无意识成分"。

这种技术手段的操作是将心理服务对象的某种反映消极无意识成分的不当行为模式呈现出来,故意"投其所好"地设法"强化"心理服务对象的这种不当行为,以使心理服务对象只能用同样反映出消极无意识成分的但却合适的行为应对,从而使心理服务对象领悟自我的消极无意识成分,重新建立起良好的行为模式。例如,一个小男孩因对任何攻击性都不能接受而被压抑到潜意识内的消极无意识,就以学业失败的行为模式来对抗父母和老师的指责和教育,心理分析时就设计一种情景让小男孩学习阅读,但又故意阻碍其学习阅读,使该男孩觉得除了仍坚持学习阅读外,别无他法可以击败阻碍其学习阅读的"攻击性",于是就坚持了学习阅读,即便当小男孩随后知道了这只是一个"圈套",小男孩也对击败的欲望有了合理的理解,并最终建立起良好的行为模式。

心理分析的操作顺序通常为:区分问题—了解心理服务对象生活史和心理问题史并作出判断—建立因果关系—选择干预方法—修通领悟—行动中练习巩固。在整个心理分析过程中,心理顾问应始终给心理服务对象留下心理顾问是可信任、能理解、能接受他人、可靠、遇到危机能提供支持的朋友式感觉,但也要防止心理服务对象对心理顾问的依赖。

二、行为矫正技术

行为矫正是针对心理服务对象的问题行为(不良行为或变态行为),运用提高期望行为(良好行为或正常行为)发生率或降低问题行为发生率的技术手段。

常用的技术有以下几种:

1.系统脱敏技术

系统脱敏技术是通过放松,减弱和摆脱对恐惧、焦虑等刺激的敏感性,有程序、有步骤、连续地抑制恐惧、焦虑等反应,以矫正问题行为的行为矫正技术。其原理是:恐惧、焦虑等情绪反应起因是原来不会引起恐惧、焦虑等反应的中性刺激,由于与恐惧、焦虑等反应多次结合而演变成了较为稳固的恐惧、焦虑等刺激,如果能将这种由中性刺激演变而成的恐惧、焦虑等刺激与松弛反应多次结合,那么就能逐渐削弱这些所谓的恐惧、焦虑等刺激与恐惧、焦虑等反应之间的联系,从而减弱和摆脱对恐惧、焦虑等刺激的敏感性,使这些演变而成的恐惧、焦虑等刺激最终还原成不会引起恐惧、焦虑反应的中性刺激。

系统脱敏的实施有两个条件:

一是要学会和练习肌肉放松,在肌肉放松中引起精神上的自我放松,从而导致全身心放松,练习的要求应该达到随时随意就能迅速地进入"全身心松弛"状态的程度,否则在系统脱敏操作时,每当出现一个恐惧、焦虑等刺激,都难以迅速做到肌肉放松,难以迅速进入全身心松弛状态,系统脱敏也就无法正常进行。

在训练时要求心理服务对象首先学会体验肌肉紧张与肌肉松弛之间在感觉上的差别,以便在获得松弛体验感觉后能主动掌握肌肉放松的方法和过程。例如紧握拳头,然后放松,心理服务对象就能体会到手的肌肉紧张与松弛在感觉上的不同,体验到什么是紧张感觉,什么是松弛感觉,然后在练习时只要不断体验松弛感觉就可以达到肌肉放松。其他身体各部分的肌肉放松也依样体验。进行全身各部分肌肉先紧张后松弛训练的顺序为:双手—双臂—双肩—头部—颈部—胸部—腹部—臀部—双下肢—双脚。心理服务对象学会放松全身肌肉的方法后,可令其在家中进行自我训练体验,但必须强调这种训练要反复进行直至达到随时随意能迅速松弛全身肌肉为止,只有这样才能使全身肌肉放松同时引起精神放松,而只有精神上的放松才能在系统脱敏中用放松情绪体验来抑制恐惧、焦虑等情绪体验,这样系统脱敏才会奏效。

二是将引起恐惧、焦虑等反应的刺激情景按恐惧、焦虑等刺激强度由弱到强(由低到高)按顺序排列,制作刺激强度梯度表。需要注意的是:排列在刺激强度梯度表中的最弱刺激要弱到只要全身放松就能轻而易举地予以抑制的程度,但不会引起恐惧、焦虑等反应的刺激则不能排列其中。刺激强度梯度表中刺激的强度差异不能太小或太大,强度差异太小系统脱敏进程不明显,常会有原地踏步的感觉;强度差异太大则难以跨越而无法使系统脱敏往前推进,两者都会降低心理服务对象的系统脱敏动机,甚至对系统脱敏失去信心。刺激强度梯度表制作完成后可制成电子文件储存或制成光盘。

在具体实施系统脱敏时,可让心理服务对象坐在舒适的沙发上,营造一种轻松、愉快的气氛,并让心理服务对象全身肌肉放松和精神放松。如果上述恐惧情景已制成电子文件或制成光盘,则先放映第一等级情景(最弱情景刺激),令心理服务对象注视,并进一步放松肌肉和精神放松,如果这一情景因肌肉放松和精神放松而不再引起恐惧、焦虑,即转入放映第二等级情景。这样依等级逐级脱敏,循序渐进。倘若对某一等级情景出现较长时间恐惧、焦虑而无法放松抑制,或对某一等级情景突然感到强烈恐惧、焦虑,则可退到前一等级情景,重新进行肌肉放松和精神放松,直到对前一等级情景已完全无恐惧、焦虑反应,再重新放映原先引起恐惧、焦虑的某一等级情景。如果已不再恐惧、焦虑,再继续放映下一等级情景,直到全部情景不再出现肌肉与精神紧张和恐惧、焦虑反应为止。如果没有制成电子文件或光盘,则可让心理服务对象记住恐惧、焦虑等级,或由心理顾问按等级描述刺激情景,具体方法与放映光盘相同。这里,放映电子文件或光盘称为模拟情景;记住恐惧、焦虑等级或由心理顾问指示恐惧等级则称之为默想情景。但系统脱敏并未到此为止,还必须从模拟情景或默想情景向现实情景转移,由心理顾问陪伴心理服务对象直接在现场中逐级接触这些情景,并同时放松肌肉和精神。一般来讲,在模拟情景或默想情景中能够做到肌肉放松和精神放松而不再恐惧、焦虑,则绝大多数心理服务对象在现实情景中也能成功地做到。达到这种要求,系统脱敏即告完成。当然,系统脱敏也可不经模拟和默想阶段而直接在现实情景中实施。

2.标记奖励技术

标记奖励技术是一种通过奖励有一定价值的"标记"或"代币券"来强化所期望的行为,以矫正心理服务对象问题行为的行为矫正技术,也称代币券疗法。

"标记"是指符号,如记分、打钩、盖章等;"代币券"是指货币代用物品,如有"价"纸券、筹码等。之所以用标记或代币券奖励而不用真正的实物奖励,其意义和优点在于:①对于一种需要持续一段时间才能完成并必须按顺序进行的行为,如提高某课程成绩、改正较难改掉的坏习惯等,标记或代币券可无须间断地予以强化,而实物则难以分割给予;②标记和代币券奖励具有灵活性,可满足心理服务对象不同时间随时都可能会有变化的对某种实物的不同偏好,以避免降低追求强化物的动机;③标记和代币券奖励的连续强化具有强化的累加作用,易于使期望行为逐渐成为习惯。

标记奖励虽然简单方便,但具体实施时仍要着重注意以下几点:

一是确定所要矫正的问题行为应该具体、适当。"具体"是指行为是可以观察或测量的,是可以比较分析的;"适当"是指问题行为能得到实质性解决。

二是制订行为奖励的强化标准,明确哪些行为可以获得标记或代币券,哪些行为将被扣除标记或代币券。扣除标记或代币券应在行为退化时实施,扣除标准应高于奖励标准,但不能过分,不能动辄就扣。强化标准确定后,不准心理服务对象讨价还价。

三是奖励的标记或代币券在累积到一定数量后可兑取的实际奖励内容应该是患者非常感兴趣且孜孜以求的,且需要越强烈,要求的标记或代币券就应越多。具体奖励内容可以是玩具、服饰等物质性奖励,也可以是看电视、上动物园等精神性奖励。

四是必须按时给予兑换,切不可使标记或代币券失去信誉。

五是奖励要有利于期望行为的自然保持并成为习惯,如果到了标记奖励实施的中后期,期望行为还不易保持,则应该用更有吸引力的档次、更高的奖励内容来激起心理服务对象的强烈兴趣,使其自愿要求调换原来的奖励内容,并借此提高标记或代币券的标价,实际上也延长了兑换的间隔时间,以促使期望行为在自然的延长中得以保持。

3.厌恶刺激技术

厌恶刺激技术是一种把问题行为与引起躯体或精神痛苦的刺激结合起来,使心理服务对象在出现问题行为的同时感到躯体或精神上的痛苦,从而使心理服务对象对问题行为产生厌恶而使问题行为消除的行为矫正技术。

导致躯体痛苦的刺激可以通过想象引起,也可以通过药物等化学手段或弹拉橡皮圈等物理手段引起。导致精神痛苦的刺激同样可以通过想象引起,也可以通过不准玩平板电脑游戏、不准看娱乐性电视节目等手段引起。

通过想象引起躯体痛苦或精神痛苦,通常对具有一定文化素养并决心戒除不良行为且有较强意志力的人才会有效。如可以让酒瘾者在出现饮酒欲望或饮酒时,立即闭上眼睛想象酒醉后出现的失态行为(醉卧在肮脏的地上或胡言乱语,使其意识到以后难以再面对亲友)或强烈呕吐的痛苦体验。这种方法也称内部致敏法。

一般情况下通过药物等化学手段和弹拉橡皮圈等物理手段引起厌恶刺激导致躯体痛苦效果较好。如在酒中放入可阻止体内乙醇氧化成乙醛后不再继续氧化成乙酸的药物以矫治酒瘾,这是因为乙醛积聚会引起恶心呕吐、呼吸急促、胸痛、出汗等痛苦症状。有相当意志力的酒瘾者自己在酒内放入黄连等苦味剂也能奏效。又如弹拉橡皮圈治疗强迫症状,可以在出现某一强迫观念或强迫行为时弹拉预先套在手腕上的一根较粗的橡皮圈,使手腕产生疼痛刺激(疼痛刺激既不能过弱也不能过强,过弱失去意义,过强易弹伤手腕),并计算弹拉次数,直到该强迫症状消失为止。以后该强迫症状又出现时,再用同法,弹拉次数如果逐次减少,则说明有效。矫治到不用弹拉橡皮圈而直接自己命令就能停止强迫症状,就可脱下橡皮圈。以后即使还有反复,也完全可以通过自我控制予以消除。需要注意的是,如果弹拉橡皮圈近百次仍不能消除强迫症状,则说明此法无效,要改用其他方法。

同样,一般情况下通过不准玩平板电脑游戏、不准看娱乐性电视节目或指责等手段引起厌恶刺激导致精神痛苦的效果也较好。当出现问题行为时立即终止玩平板电脑游戏、看娱乐性电视节目或指责等通常也能逐渐抑制、消除问题行为。

4.消退技术

消退技术是一种对问题行为不予强化而使其自然消退的行为矫正技术。

消退技术在现实生活中用得比较广泛,效果也很不错。如孩子任性、霸道,常因为未满足某种不合理的要求而大哭大闹,甚至不吃饭。如果父母妥协,满足孩子要求,则孩子就会养成无理取闹的不良行为,并以此作为今后满足其他不合理要求的手段。如果父母在孩子用无理取闹行为作为手段要求满足其某种不合理要求时,不予理睬、不予妥协,避免强化孩子的无理取闹行为,孩子则会因不合理要求始终得不到满足,假以时日,其无理取闹行为也就会被抑制和消退。

5.示范技术

示范技术是一种通过观察和模仿他人适应性行为以形成相应行为的行为矫正技术,也称模仿矫正技术。

示范技术包括观察与模拟两个阶段。观察阶段是让需要培养适应性行为的对象先仔细观察他人良好的适应性行为以及这些行为会获得赞赏或奖励的结果。模拟阶段是让这些对象亲自实践这些适应性行为,心理顾问则在这些对象出现相应适应性行为时给予奖励强化。例如,矫正社交焦虑障碍,可先让心理服务对象在生活中观看别人是怎样与各种人交往的,包括乘车、聊天、购物,然后让心理服务对象仿照别人那样乘车、聊天、购物,鼓励心理服务对象主动与他人交往。若心理服务对象出现了正常的适应性行为,则可以给予物质或精神奖励。

由于儿童具有模仿的天性且模仿动机较强,因此,示范技术对矫正儿童的问题行为具有独特的作用。

三、认知调节技术

认知调节技术是通过改变心理服务对象不合理的认知方向和方式以产生正确的观念来纠正适应不良的情绪和行为的技术手段。

认知调节的操作步骤:

首先,向心理服务对象说明适应不良性认知会导致适应不良的情绪与行为。

认知是人对己、对人、对事的认识与看法。适应不良的情绪和行为常因适应不良性认知而产生,而适应不良性认知主要是指能影响心理服务对象保持内心平衡与适应环境的思维方式、观念与信念。如果改善或矫正其适应不良即曲解的认知,则可减轻和消除情绪和行为问题。

其次,识别与分析心理服务对象与主诉问题有密切关系的适应不良性认知并指出其不合理性。

适应不良性认知主要有非逻辑性思考、非合适性思考和非合理性思考。非逻辑性思考是缺乏必然逻辑联系的错误思考,表达极为武断,如"假如我考不上大学,那我的前途就完了"。非合适性思考是自贬性思考,表面上看起来似乎符合逻辑,但明显带有自我否定倾向,如"我从来没有演讲过,要我当众发表长篇意见,我可不行"。非合理性思考是违背客观实际的思考,有的似乎顺理成章,但却隐含着谬误,如以前犯过错误,就认为以后一定也会犯错误;别人对自己提了一些意见,就认为自己以前肯定得罪过此人等。这些适应不良性认知只要与主诉问题相关,就需要敏锐地予以识别,并分析其与现实的差距,指出其非功能性和病态性(即错误性)。

最后,帮助心理服务对象改变适应不良性认知,并建立正确的观念以产生良好情绪与适应性行为。

改变适应不良性认知要找出根源或起始原因,然后再在现实中加以检验、修正,只有这样,才能建立正确的观念。在改变适应不良性认知和建立正确观念的过程中,可采用一些针对性强的干预手段:将一些与心理服务对象适应不良性认知矛盾或相反的证据放到面前,使其对适应不良性认知产生怀疑和动摇;向心理服务对象提供有利于重建正确观念的认知方向和方法;让心理服务对象顿悟正确观念的形成过程等。

认知调节的主要技术方法:

1.认知三栏作业

认知三栏作业是认知调节中最常用的标准化技术。让心理服务对象每天记录自动想法、认知歪曲的类型和合理的想法等三栏作业,包括情境、负性自动想法、情绪反应、合理想法及合理想法带来的情绪变化等,目的在于使心理服务对象就其自动想法,学习确定认知错误的类型,并形成合理的反应。例如可以先识别并记录悲伤、愤怒、犯罪感等负性情绪,这是负性自动想法出现的标志,并以 0~10 分加以评级,0 分表示没有负性情绪,10 分表示负性情绪最严重;再识别并记录负性情绪出现时的情境,当时正在想什么或干什么等;然后识别并记录负性自动想法,按由浅入深的相信程度以 0~10 分加以评级,0 分表示不相信,10 分表示绝对相信;接着自我盘问和诘难这种负性自动想法是否有逻辑错误,缺点是什么,有没有可替代的想法等以重新评价这些想法,并记录重新评价后出现的合理想法及合理想法带来的情绪变化,同时再次对负性情绪和负性自动想法评级以进行前后对比。

这种作业也可以是二栏作业或四栏作业(在三栏中加上情境)。

2.认知人际心理调节

认知人际心理调节强调人际关系和其他社会因素在认识和处理心理问题中的意义和作用,侧重解决意识和前意识水平中“此时此地”的现实问题,尤其是人际交往与沟通问题,重点解决四方面的问题:不正常的悲伤等消极情绪反应、人际角色困扰、角色改变和人际关系缺乏。常用技术手段有:询问、澄清、情感鼓励、沟通分析、改变认知和行为等。

3.其他有针对性的技术方法

对干什么事都失去信心,总认为难以成功而干脆什么事都不想干的心理服务对象,可采用“积极工作计划”或“逐步指定工作”等技术。前者要求心理服务对象自己制订日常生活工作表,如打扫房间、带孩子散步 10 分钟等,以使其对自己的生活感兴趣,无形中改变其对生活的态度,增强其干事并能够取得成功的信心。后者指定心理服务对象由易到难做一些必需的工作,完成后就表扬强化,并鼓励其进一步做更难的工作,以使其建立自己有能力做事的信心。这两种技术的目的都在于设法打破心理服务对象什么都做不成而毫无信心的态度,从而改变其错误认知和消极态度。

认知调节的每次会谈,时间应控制在 45~60 分钟。过短不易谈透,过长又太烦琐。一般一个疗程为 7~10 次。

四、激发自助技术

激发自助技术是激发心理服务对象改善"自知"或自我意识,使其认识到自我的潜在能力和价值,并创造良好环境,在与别人的正常交流中,充分发挥积极向上的、自我肯定的和通过自助而自我实现的潜力,以改变自己的适应不良行为,矫正自身心理问题的技术手段。激发自助技术源于人本主义治疗。

激发自助技术通常分为互相连贯的 7 个阶段:

第一阶段:心理服务对象对自己和外界认知固定,对内心情感体验生疏甚至毫无觉察,缺乏改变愿望。

第二阶段:对与己无关的事发表意见,产生的内心情感体验也视作与己无关。

第三阶段:感受到被心理顾问接受,开始逐渐消除顾虑和紧张感,能越来越自然地谈及自己及与己有关的情感体验。

第四阶段:开始意识到自己是个有丰富情感体验的人,对朦胧觉察到的或偶尔流露出来的情感体验感到震惊和惶惑。

第五阶段:在同心理顾问的相处和关系中感到安全、放松,对自己内心的情感体验不再震惊和惶惑,能自如地表达自己当时的情感体验。

第六阶段:能直接、现实地体验过去的情感经历,并被这种直接、现实的全新体验触动,过去曾被当作生活指南的原则开始动摇。

第七阶段:不再感到情感体验是一种威胁,愿意直接、充分地体验自己当前的内心感受,也愿意通过谈论当前的体验从而更深刻地了解自己;能接纳自己,在生活中也能接纳自己。

激发自助技术具体操作步骤:

1.不断用反应的方式来激发心理服务对象的情感

心理顾问始终以朋友的身份（不以权威专家自居）鼓励心理服务对象充分宣泄内心的情感，对心理服务对象表述的事件不作任何评价和指引，而只对其所表达的情感作出反应。例如，心理服务对象因受到不符合自己要求的待遇而表现出愤愤不平时，心理顾问可说："你是否很恼火？"以此种反应来激发心理服务对象的情感。这似乎有些火上浇油，但由于一再重复心理服务对象在言谈中所表现出来的基本情感，就能使心理服务对象逐渐认识到自己在这一事件或问题中所克制（或未觉察到）的消极情感，正是产生目前心理问题的根源。

2.始终充分理解和信任心理服务对象所暴露出来的情感

在激发心理服务对象自助过程中，心理顾问不作任何解释，不作诊断，不发指令，不回答问题，也很少向心理服务对象提问题，而只是无条件地正面关心心理服务对象。不管心理服务对象暴露出什么样的情感，总是充分理解和信任，让心理服务对象感到心理顾问是真诚的、可信赖的、能给人温暖的、对其诉述是感兴趣的。在这样的氛围下心理服务对象就能毫无顾虑地畅所欲言，就会逐渐感到自己是完全独立自主的，而不像在日常生活中总是受到他人评价、拒绝或劝说的影响。这样就可以帮助心理服务对象从消极防御的情感中解脱出来，不再依靠别人的评价来判断自己的价值，从而产生健康的自我实现态度，最终解决自己的心理问题。

五、心理支持技术

心理支持技术是以言语性心理支持为主，以加强心理服务对象的心理防御能力，控制和恢复对环境适应的技术手段。心理支持技术源于支持性心理治疗。

心理支持技术特点：

心理顾问通过与心理服务对象建立良好融洽的心理服务关系，对心理服务对象能意识到的心理问题给予指导、鼓励和安慰等心理支持，使其恢复现有的能力和发挥潜在的能力，以适应当前的现实环境，从而减轻和消除心理服务对象的心理问题。

心理支持技术的操作原则：

①提供心理服务对象应对挫折、渡过困境的心理支持方法要适当且有选择性，

不能脱离心理问题的实际而过度运用,心理支持也是需要适可而止的;

②协助心理服务对象改变对挫折和困境的错误认知;

③鼓励心理服务对象运用内外资源来应付挫折和困境,如提高自身能力、利用社会支持系统等;

④协助并鼓励心理服务对象运用有用而成熟的方式应对自己的心理问题。

心理支持技术的 5 种主要形式:

解释、鼓励、保证、指导与改善心理服务对象环境。

解释——运用通俗的言语把心理服务对象心理问题的性质讲清楚,借以调整心理服务对象的认识和观念,消除紧张、焦虑等不良情绪。解释之所以是一种有力的心理支持,就在于心理服务对象能消除因对心理问题性质的无知而带来的心理压力,增强康复和日后生活的信心。但解释也不能过多过专业,过多地给心理服务对象以心理问题的专业知识,只能加重其顾虑,使其难以辨别而疑虑重重。

鼓励——以言语表情、脸部表情和动作表情对心理服务对象心理问题的解决表达出应有的信心。鼓励之所以也是一种有力的心理支持,是因为能消除心理服务对象因心理问题引起的低落情绪,强化心理服务对象接受心理服务的动机。鼓励一定要针对心理服务对象的具体情况,恰如其分。含糊笼统和不切实际的鼓励,只会加重心理服务对象沮丧的心情。

保证——为心理服务对象承担起责任,客观明确地说出其心理问题的可能预后,以唤起心理服务对象的希望。保证之所以是一种有力的心理支持,在于能消除心理服务对象的种种疑虑,使其放弃固执的错误判断,从焦虑紧张、束手无策、自暴自弃的徘徊中走出来。保证不能信口开河、轻易许诺,否则心理服务对象会对心理顾问失去信任。

指导——直接指点和示意心理服务对象做什么和怎么做,以减轻心理问题引起的内心矛盾和心理压力。指导之所以也是一种有力的心理支持,是由于能够帮助心理服务对象掌握处理问题的合适办法和必要能力。指导一定要明确、肯定,具有可行性,同时应避免把心理顾问个人局限的甚至是错误的经验当作成功的普遍经验生硬地介绍推荐给心理服务对象。

改善心理服务对象生活环境——改变不利于心理服务对象心理问题解决的生活环境,以使其加强人际沟通。改善心理服务对象生活环境之所以同样也是一种有力的心理支持,其根本原因在于心理服务对象常会出现自我中心的倾向而忽视与别人正常的沟通,以致会产生抵触性的人际关系。改变心理服务对象的生活环境,既有利于去除现有人际关系中的不利因素,如指责、吵架、过多操心某些症状等,也有利于在人际关系中增加新的有利因素,如多聊天、家属多关心、让心理服务对象参加感兴趣的活动等。但通过改善心理服务对象生活环境建立良好的人际关系,也不能过分牺牲他人或家属的利益,否则人际关系同样是不健康的。

心理支持技术的具体操作步骤:

1.收集心理服务对象各种资料

心理服务对象资料尽可能收集齐全,尤其不能忽视与产生心理问题有关的各种因素,如生活事件、人际关系、个性特点等。

2.进行心理支持性会谈

会谈最好一对一,以消除心理服务对象的顾虑。心理服务对象诉说时不要当场做笔记或录音、录像,也不要经常打断心理服务对象的谈话。会谈时要进行分析并作解释、鼓励、保证和指导,解释、鼓励、保证和指导的关键在于:帮助心理服务对象纠正对挫折的认知,调整对挫折的感受,以改变其态度,促使其用合理的方式去处理困难;帮助心理服务对象认识自己尚未发挥或已被自己低估了的能力,使这些能力能充分发挥出来;设法排除社会环境中的消极因素,如改善影响心理服务对象情绪的家庭环境、学校环境等。

心理支持会谈每次一般以 1 小时为限,不宜太长。每周 3 次为宜,通常以不超过 10 次为限。

❓ 思考题

1.什么是心理顾问的专业特质?

2.共感的含义是什么?

3.心理顾问对心理服务对象的尊重有哪些基本要求?

4.在心理服务会谈中,倾听有哪些基本要求?

5.封闭式询问和开放式询问有什么区别?

6.具体化与聚焦的含义是什么?

7.释意和封闭式询问的作用有什么不同?

8.鼓励有哪些基本要求?

9.解释的基本要求是什么?

10.引导的作用是什么?

11.一般性指导和特殊性指导有什么区别?

12.劝告和解释、引导、指导有什么不同?

13.什么是反馈?

14.总结性概述的作用是什么?

15.心理分析技术有哪些步骤与技术要点?

16.系统脱敏的实施要具备哪两个条件?

17.标记奖励要注意什么?

18.厌恶刺激技术是一种什么样的行为矫正技术?

19.什么是消退技术?

20.认知调节的主要技术方法是什么?

21.激发自助技术有哪两个具体操作步骤?

22.心理支持技术有什么特点?

本章参考文献

[1] 傅安球.实用心理异常诊断矫治手册[M].4 版.上海:上海教育出版社,2015.

[2] 朱智贤.心理学大词典[M].北京:北京师范大学出版社,1989.

[3] 林崇德,杨治良,黄希庭.心理学大辞典[M].上海:上海教育出版社,2003.

[4] 马立骥,张伯华.心理咨询学[M].北京:北京科学技术出版社,2005.

[5] 江光荣.心理咨询与治疗[M].修订版.合肥:安徽人民出版社,1995.

第六章
心理危机与干预技巧

现实生活中,谁也不能保证自己能永远沐浴灿烂的阳光,因为时时有可能遭遇乌云密布或者狂风骤雨。因自然灾害、人为事故、疾病、人际矛盾、学习与工作压力、家庭冲突等带来的严重心理困扰甚至心理失衡状态并不鲜见。心理顾问为有效地帮助自己与他人应对困境、渡过心理难关、恢复心理平衡状态,需要学习掌握一种有效的心理社会干预方法,即危机干预,旨在尽可能短的时间里帮助当事人疏泄压抑的情感,撼动扭曲的认知,发现自身的内外部资源,学习问题解决技巧和应对方式,恢复与建设有力的支持系统,并且不断推动当事人在实践中巩固新习得的应对策略与技巧,恢复已经失衡的心理状态。

第一节　心理危机概述

随着社会的迅速变迁以及社会生活中应激的增加,我们将面对相对更多、更为凸显、其特点及表现形式更为复杂的心理危机事件的发生。因此,心理危机的防御与干预已成为社会大众促进心理健康的必备的诸多社会功能之一。作为心理顾问,首先需要对心理危机有基本的认识与了解。

一、心理危机的定义与相关概念

危机,顾名思义,它是有危险又有机会的时刻,是测试决策和体现问题解决能力的关键一刻,是人生、团体、社会发展的转折点,是生死攸关、利益转移、有如分岔路口的紧迫关头。一般说来,危机具有意外性、聚焦性、破坏性和紧迫性。在中国的传统文化中,危机这个词汇具有辩证思维的智慧,即体现危险与机遇并存的时刻。心理危机则是指心理上的严重困境,指当事人遭遇超出其自身承受能力的紧张刺激而陷入极度焦虑抑郁、失去自主性与控制性且难以自拔的状态。

1.心理危机与相关概念的关联

心理危机与应激、挫折、创伤等概念存在着相关性,但又不能简单画等号。为此有必要对这些相关概念予以厘清。

首先看心理危机与应激的关系。应激是由紧张刺激引起的、伴有躯体机能以及心理活动改变的一种身心紧张状态。心理学研究表明,在当事人遭遇超出个体正常承受水平的刺激强度(即超负荷);或是由刺激物引起自身陷入两种或两种以上的矛盾情境而难以做出抉择(即冲突);抑或是当事人因为刺激物不随自己行为而变化和转移(即不可控性),从而引发紧张恐惧的心理,这些就构成可能威胁当事人的应激源。具有超负荷、冲突性、不可控性三个特征的应激源不一定都会带来破坏性的情绪体验。相反,适度的应激能够帮助个体警觉性增强,感知功能敏锐,注意力集中,思维活跃性提升,从而有利于当事人应对外界的挑战与威胁,这就是所谓的正应激。那些能积极参与投入相应的工作与生活、自认为有能力控制生活变故及紧张的状况和能把生活、学习、工作的变化作为对自己挑战的个体,更可能在紧张性刺激或情境面前表现出特别的耐受力。可见,同样的应激源当事人可能作出不同的应激反应,反之亦然。只有当应激大到当事人无法承受时,心理危机才可能产生。

其次看心理危机与挫折、创伤的关系。挫折引起的挫折反应是指个体有目的的行为受到阻碍而产生的情绪反应。一般情况下,挫折情境的严重程度与挫折反应的强烈程度呈正相关。但是个体对挫折情境的认知会对其挫折反应的性质与程度带来很大影响。对某些人可能构成挫折的情境与事件,对另一些人则可能反之,这就是个体感受的差异。创伤是指可能引起或加剧心理不适的事件或经历。创伤通常会让人感到无能为力或产生无助感和麻痹感,甚至对当事人身心产生广泛严重的影响,但是创伤状态不一定会导致创伤负性模式甚至陷入心理危机。如果当事人从主观上发展出一种创伤代偿模式,主动寻求平衡与应对资源,就有可能使行为方式发生积极的变化。可见,心理危机是一种心理状态,挫折、创伤与心理危机之间存在着关联,但并非必然的因果关系。

2.心理危机的定义

现实生活中的人们不可能永远生存在顺境之中,遭遇各种应激与挫折在所难免。当个体遭遇超出自身能够应对限度的应激与挫折,既无法回避,又无法运用自身寻常的应付机制去解决问题,就可能产生严重的心理失衡,而这种严重的心理失衡状态就被称为心理危机。

一般说来,确定心理危机应包含三方面的内容:①存在对当事人具有重大心理影响的应激事件;②应激事件导致当事人在认知、情感与行为方面出现急性的功能紊乱;③当事人以自己惯常的应对方式应对无效或者暂时无法应对。

实际上心理危机在实践应用中很难准确地定义,它涉及一系列生理、心理、社会的复杂因素。有些生活事件在一些人眼中可能具有应激性,但是在其他人眼中也许并非如此。如果我们忽视这一点,就可能在必要时看不到危机的存在,或者相反作出令当事人过度确认危机的判断。因此把心理危机理解为一个内容宽泛的症候群可能更为合适。

二、心理危机的特征

心理危机的特征主要包含以下 6 个方面:

1.危险与机会共存

顾名思义,危机自然包含有危险之意,因为,它可能导致当事人严重的病态反应,甚至在极端的情形下危及自身与他人的生命。但是危机同样也意味着机会。因为遭遇危机的当事人如果能够选择有效地应对危机,从中获得经验,发展自己,那就有可能摆脱威胁或危险,使心理平衡恢复甚至超过危机前的水平,达成积极的、富有建设性的改变,获得个体成长和自我实现的机会。当然,如果当事人将与危机相伴随的负性情绪情感阻隔在意识之外,没有觉知,那么通过消极的心理防御机制即使度过了危机,也可能给自己的未来生活带来困扰。还有的当事人面对危机彻底崩溃,甚至丧失了伸手求助的欲望,就可能导致危险的结果。其预后取决于个人的素质、适应能力和主动作用,以及他人的帮助或干预。

2.诱因、表现与结果的复杂性

危机的发生常常是多因素综合作用的结果,而不是某一个因素单独造成的独特结果。不仅急性应激强度和长期慢性的心理压力与危机存在着关联,他们之间的相互作用也会带来影响。事实上难以找到特殊的容易导致危机发生的生活事件,常常是负性生活事件导致的心理累加效应所致。当事人的个人素质、所处的环境、社会支持系统等都是诱发危机的可能影响因素。总之,我们难以从简单的因果关系去分析危机产生的诱因。与危机相伴随的各种症状也是复杂多样的,涉及当事人生活的各个方面。危机干预的效果也同样受到个体所处生活环境与自身资源条件等的影响,如家庭背景、支持系统和其他内外部资源等,它们直接关系到问题的解决和新的平衡的建立。

3.成长的契机

身处危机的失衡状态,当事人一般都存在着强烈或持久的焦虑情绪。这种情绪在困扰当事人的同时也存在正向意义,因为它导致的紧张、冲突为当事人的改变提供了内在的动力。可以说,危机在一定意义上是个体成长的契机或催化剂,它能够打破当事人原有的定式与平衡,在被唤醒的警觉反应中去寻求新的解决问题的路径与方法,该过程也是增强自身对挫折的耐受性、提升适应环境能力的过程。但要注意的是,当事人常常会在焦虑情绪达到顶点时,因为强烈的生理和心理痛苦与不适才会承认问题失去了控制,进而寻求帮助。事实上,当事人的求助欲望与问题的严重程度之间的关系呈现倒 U 字形曲线。如果种种阻碍导致当事人没有伸出求援之手或者求助无门,危险就有可能发生。青少年由于结伴的需要强烈,他们在有需求时更倾向于向同龄人求援,但同龄人可能同样缺乏资源,因而导致可能的危险出现。

4.问题解决的困难性

帮助当事人摆脱危机、恢复心理平衡可以采用很多干预方法,也有很多成功的经验。一般较多运用简单心理咨询与治疗的方法,如支持、理解、家庭干预、认知干预、行为干预、情绪干预等,其中一些方法被称为短程疗法,更有围绕问题解决的危机干预策略。但是由于当事人陷入危机常常是多因素作用的结果,其中的一部分人处于沉疴已久的状态,难以找到普适、快速、有效的解决方法。而且处于痛苦中的当事人常常迫切想要迅速解决问题,虽然必要时需要进行药物治疗,但心理与社会层面的康复难以仅凭药物而奏效。因此,问题解决的困难性是危机的特征之一。

5.选择的必要性

无论是否承认,生活本身就是由一系列挑战与危机构成的。面对危机,因为问题的紧迫性,当事人无可避免地要作出选择。选择面对,选择求助,选择尝试采取某种积极的计划与行动,这就为超越危机、恢复平衡、达成未来的成长与发展带来可能,因为,任何时候、任何情况下,一个人实际拥有的资源与支持者,一定比其意识到的要多得多。如果在危机中被动等待,甚至任其泛滥而无动于衷,其实也是一种选择,这就是放弃改变的任何可能,从长远而言只能面对消极与破坏性的结果。

6.普遍性与特殊性

危机的普遍性是指任何人、任何形式的危机都包含有当事人生活的失衡与解体状况;身处特定情形下,没有人能够幸免危机的发生;纵观人的一生,没有人可以绝对确保个人的应对机制能永远有效避免危机的发生。危机的特殊性是指即使面对同样的环境事件,有的人能够有效地应对甚至摆脱、战胜危机,有的则反之。这里相关联的影响因素包括:个体的机体特点——在机体状态不佳的情况下对应激的反应更加敏感;过往的生活经验——曾经的适应不良或应付失败会导致愈加地难以承受;个性特征的不同——它会影响个体面对应激而产生不同的耐受性;个体的认知评价——在对面临的应激与应对作出有意义的评价时,个体更可能动员自身内外部资源进行努力的调整与适应,反之很可能放弃这种努力,最终导致心理障碍甚至心理失衡的发生;个体的应对能力——如果能够恰当地进行估计,更容易适应良好,反之任何高估或者低估都可能导致挫折或自暴自弃;个体的社会支持状况——社会支持的多与寡会直接影响其应对危机的资源,也会间接影响当事人对应激的认知评价和对自身应对能力的估计等。

三、心理危机的演变过程与一般表现形式

无论以何种特殊的形式表现,心理危机总是以过程呈现的。

1.心理危机演变的四阶段说

卡普兰(Caplan,1964)在他的危机理论中将心理危机的形成和演变过程分为四个阶段。

(1)警觉阶段

遭遇创伤性应激事件的当事人,感受到生活的突变或即将发生突变,内心原有的平衡被打破了,出现了警觉性提高的反应,情绪的焦虑水平上升,并影响到自己的日常生活。此时,为了抵抗应激反应带给自己的种种不适,恢复原有的心理平衡,当事人会采用自身惯常的应对机制做出行动。此时当事人很少有求助的欲望。

(2)功能恶化阶段

当事人经过努力与尝试,发现惯常的应对机制难以奏效,创伤性的应激反应不仅持续存在,而且生理与心理的问题表现不断加重甚至恶化,自身的社会适应功能

明显受损或减退,于是当事人开始进行新的尝试以期摆脱困境。但由于过度的紧张焦虑情绪影响其理性的思考与有效的行为选择,很可能采取的应对方式是无效的甚至是错误的。此阶段的当事人即便开始有了求助动机,但那也只是他尝试错误的一种方式。

(3)求助阶段

在尝试错误的情况之下依然没能有效地应对问题,当事人的情绪、行为与精神症状可能进一步加重,当事人在内心持续增强的紧张促使之下进一步探寻一切可能的解决问题的应对途径与方式,以减轻心理危机和情绪困扰。此时常常可见当事人表现出强烈的求助动机,也可能采取一些超乎寻常的无效行动宣泄情绪。事实上,诸如无规律的饮食起居、酗酒、放弃工作、沉迷网络等行为不仅无助于问题的解决,反而会加重当事人的紧张程度与挫折感,使得其自我评价更低,且有害身体健康。此阶段的当事人最容易受到他人的影响和暗示,因而也是心理顾问能够对当事人产生最大影响的时机。

(4)危机阶段

在经历了前面三个阶段之后如果依然没能够有效解决问题,当事人就很可能丧失对未来的希望和对自己的信心,甚至对生命的意义与价值产生动摇。强大的心理压力有可能触发其从未完全解决的、曾被各种方式掩盖的内心深层冲突,有的当事人会出现精神崩溃和人格解体,有的甚至企图以放弃生命的方式帮助自己摆脱困境和痛苦。此时,生命中重要他人的关怀、理解、支持和从事心理帮助的专业人员等的外源性帮助十分必要,透过帮助使当事人加深对自己处境和内心情感的理解,逐步恢复自信与自尊,进而学习建设性地解决问题、摆脱困境。

2.心理危机的一般表现形式

心理危机的表现形式多种多样,我们仅从常见的危机表现来加以描述。

(1)行为方面

心理危机的当事人多以不同于常人的行为方式表现出危机状态。这些反常的行为表现包括:逃避工作,逃避学业,或者工作、学习的效率与业绩明显下降,表现混乱糟糕;社交退缩,逃避与疏离,或者冲突加剧,抱有敌意,自责或者责怪他人;酒精或者药物滥用;故意超越行为规范,甚至故意违法;不注意个人卫生,明显不关注对自己的照料,生活规律被打破,尤其是睡眠习惯的改变;行为明显不同于大多数人或者自己以往的情形等。简言之,该干啥不干啥,不该干啥偏干啥。

(2)情绪方面

情绪是人与动物都具有的心理活动,是有机体对客观事物是否符合自身主观需要而产生的态度和体验。心理危机的当事人在情绪方面的表现一般包括:①焦虑。莫名的紧张、担心、不安,总感觉有潜在的威胁存在,常常伴有心悸、出汗、胸闷、四肢发冷、震颤等植物神经功能失调的表现,严重的情况下还可能出现惊恐发作。如果焦虑泛化,可能影响个体在面临环境变化时的有效应对。②恐惧。表现出强烈的心慌、极度不安、逃避或进攻以及强烈的植物神经功能紊乱,且涉及具体的恐惧对象或者事件。恐惧中个体的意识、认知和行为均会发生改变,行为的有效性几乎丧失。③抑郁。内心悲观失望、沮丧、冷漠,无助、无望感强烈,活动性反应性降低,对任何人和事物都缺乏兴趣,过分伤感流泪,情绪易激惹、易怒或者过分冷淡,乏力,饮食和睡眠习惯都发生改变。抑郁常常是个体面临无法应对的困境和严重后果的情绪反应,它进一步影响个体对环境和自身的认知评价,消极的评价又可反过来加重抑郁。④愤怒。对人或事情的反应超乎寻常,语言或行为的暴力,并且可能伴随一系列的生理反应,如出现与愤怒相关的表情与姿态,血压升高、心跳加快,冲动明显,难以理性地对待人和事等。

(3)认知方面

心理危机的当事人常常表现出认知方面的失调。因心理失衡、心理挫败感强烈,当事人思维变得窄化和消极,使其对危机的认知常常与真实缺乏一致性,对危机的解释通常是夸大的,改变危机的想法随着危机程度的加剧而逐渐减弱。可见,危机常常使得当事人认知功能遭受严重的损害,甚至可能达到认知功能障碍的程度,消极情绪又会与其负性扭曲的认知形成恶性循环,不断加剧认知的扭曲。

(4)生理方面

危机中的生理反应涉及全身各个器官与系统。危机中的当事人受到应激源的作用,通过植物神经系统、下丘脑-腺垂体-靶线轴和免疫系统调节自身的生理反应,出现心跳加快、血压升高、通气量加大、血糖升高、中枢神经系统兴奋性增高等生理表现,出现"全身适应综合征",特别是强烈的消极情绪会导致免疫系统的功能受到抑制。

第二节　心理危机的干预技术

危机当事人处于一种严重的心理失衡状态,原有的应付机制和解决问题的方法失去了效用,难以满足他们当前的紧迫需要。为帮助当事人恢复到危机前的平衡状态,需要心理顾问以专业身份提供专业帮助,进而实现其对生活中的危机的控制。

一、危机干预的基本概念与目标

1.危机干预的概念

危机干预是针对处于困境或者遭受挫折的当事人予以关怀和帮助的一种有效的心理社会干预方法。具体说来,危机干预指的是借用简单心理治疗的手段,帮助当事人,处理迫在眉睫的问题,恢复心理平衡,安全度过危机。

尽管大多数国家将此列为精神医学服务范围,但是危机干预的对象不一定是"患者",以下都是危机干预的适用人群:由某一特别诱发事件直接引发严重的心理失衡状态的人群;有急性的极度焦虑、紧张、抑郁等情绪反应或有自杀风险的当事人;因内外部原因近期丧失解决问题能力的当事人;求助动机明确并且有潜在能力改善的当事人;尚未从适应不良性应对方式中继发性获益的当事人。

2.危机干预的目标

在当事人陷入混乱不安的状态时,通过危机干预这种积极主动影响其心理社会运作的历程,能够有效减少具有破坏性的生活事件带来的冲击,协助激活当事人明显的与潜在的心理能力和社会支持资源,以便能适当地应对生活压力事件与自身内在因素相互作用带来的结果。因此,具体说来危机干预的目的在于:①帮助危机当事人获得生理、心理上的安全感,帮助其减轻情感压力,缓解乃至稳定当事人由危机引发的强烈的负性情绪,预防进一步的应激发生;②帮助危机当事人组织调动其支持系统以应付需要,处理引起危机的特殊因素,减少出现慢性适应障碍的危险;③帮助当事人恢复心理平衡与动力,对自己近期的生活有所调整,并学习应对危机有效的策略与健康的行为,增进心理健康。

因此,危机干预目标通常包括公共卫生干预目标与医疗体系的危机预防目标,是干预性目标与预防性目标的整合。

公共卫生危机干预目标:

第一级:努力减轻当事人经历的危机状况;

第二级:降低危机状态的严重性,缩短危机造成的功能受损时间,减轻或消除心理行为的功能失调状况;

第三级:预防危机当事人在当下或在未来生活中的精神崩溃。

医疗体系危机预防目标:

第一级:针对特殊人群的预防性干预,以减少他们可能面对压倒性危机时的压力;

第二级:针对群体或个人突然处于危机事件时所进行的选择性干预;

第三级:提供给经历过突发性生活压力事件而出现功能失调、PTSD 和急性情感危机等症状的当事人的象征性干预。

二、危机干预的主要技术

专业人员实施危机干预可以有很多途径,其中主要包括:便捷、匿名、经济但仅有声音信息传递的热线电话危机干预;建立各种自助组织以获取心理支持、普及心理卫生知识以提升公众意识、识别高危人群、预防危机产生不良后果的以社区为基础的危机干预;现场通过面谈进行倾听、评价及干预的现场面谈危机干预。实施危机干预还可以建立由心理顾问会同精神科医护人员、社工、志愿者等相关人员组成的危机快速反应服务组,在危机发生时进入现场提供有效的危机干预服务。

危机干预的主要技术分为四大类:沟通技术、支持技术、问题解决技术、提供应对技巧及社会支持。

1.沟通技术

心理顾问与当事人建立关系、探寻问题、寻求改变,这一切都伴随彼此之间逐步深入的交流过程,因此,沟通技术是心理咨询过程中不可或缺的、最为基本的专业技术之一。对于危机干预而言,心理顾问与危机当事人能否通过良好的沟通建立信任、合作的治疗同盟关系也是能否实现有效干预的最为基础的前提条件,因为达不成如此的前提,危机干预以及有关的处理策略将难以得到贯彻实施,干预效果很大程度上会受到制约影响。

影响人际沟通的因素很多,它们不仅涉及心理学,还涉及社会学、文化人类学、生态学、社会语言学等诸多方面。在治疗性的咨访关系之中,尤其在帮助当事人恢复心理平衡的危机干预过程中,更加强调作为助人者的心理顾问应注意以下几个问题:①尽力消除内外部的各种干扰,以免影响双方的诚恳沟通与表达;②避免双重的、矛盾的信息交流,从言语、非言语等一致的信息传递过程中达成良好沟通的目的;③避免给予危机当事人过多的不切实际的承诺,因为专业人员的能力资源毕竟有限,言过其实容易让人感觉不真诚;④避免运用过于专业的、难以为一般人理解的术语进行沟通交流,毕竟交流的最基本目的是让对方能够理解含义所在;⑤具备必要的自信,以在干预过程中能把握必要的机会,有力量去改善、促进当事人的自我内省、自我感知。

2.支持技术

通过为危机当事人提供心理支持,帮助其表达内心的积郁,感受到来自心理顾问的共感、尊重与温暖、真诚、积极的关注、无条件的接纳,获得必要的指导和保证,必要时运用环境改变或转介精神卫生医疗机构以获得必要的医疗资源帮助,使得当事人的失衡情绪恢复稳定。

支持技术主要包含以下几种:

(1)倾听

倾听是心理咨询的基本、核心技术,也是危机干预支持技术的最为基本的内容。倾听要求专业人员以认真、投入、理解、换位体验思考的态度对待当事人,尽可能多地去获得对方想要表达的信息与真实内含,使得当事人感受到心理顾问对其的关怀与理解。

(2)减轻痛苦

鼓励当事人通过表达自己的情绪来减轻苦恼,合适的内心情感的表达对情绪宣泄、情绪稳定和缓解心理逆遇具有一定的功能。

（3）解释与指导

以当事人能够理解的方式就其对自己、对他人与环境的扭曲认识进行解释，尤其要聚焦于帮助其认识自身关于自杀观念的误区。此时的解释与指导避免过多就自杀原因作分析，避免进行深入的心理教育，这是在危机解除之后康复过程中才可能面对的任务。

3.问题解决技术

这是一种融合了认知、情绪、行为干预的综合方法。通过聚焦当事人面对的现实与心理困境，通过解决问题的技术，帮助其提高适应水平，学会应对困难与挫折的一般方法，度过当下的危机，也有助于危机后的适应，这是危机干预的重要目标。

问题解决技术在实施时应注意：①提供心理支持本身包含干预功能。主动倾听热情关怀，鼓励当事人表达内心情感，通过解释与指导使其理解目前的境遇和觉知扭曲的认识，帮助当事人看到希望、提高信心，鼓励当事人自我帮助并愿意努力寻求社会支持，这些都有助于当事人走出危机。②有步骤的问题解决技术旨在帮助当事人通过应对问题逐步看到、恢复和巩固发展自身的应对问题的能力，恢复心理平衡，并不强调改变长期存在的人格问题。

4.提供应对技巧及社会支持

在当事人遭遇过度的应激事件时，如突发的严重的天灾人祸，或是由丧失、适应、冲突或者激烈的人际纠纷所带来的激烈的情绪波动，难以用通常的应对方式去处理问题。此时需要心理顾问帮助当事人拓展自己的思路，发现和学习一些积极有效的应对技巧。同时，调动一切可能调动的社会资源给予危机当事人支持和帮助，如来自当事人家庭、朋友、同事、同学、社会组织等的支持。尤其是面对突发的灾难，当事人如果得不到足够的社会支持，罹患创伤后应激障碍的可能性便会增加，反之亦然。

针对处于不同阶段的不同危机当事人，将不同的危机干预技术加以整合运用，稳定当事人的情绪，帮助当事人改变消极、扭曲的思维方式，进而帮助他们调整现有的行为、态度，学习充分发现或挖掘环境资源，并将适当的内部应付方式与社会支持、环境资源相结合,以获得其对自己生活的自主控制,努力使干预的效果达到最佳水平。

三、危机干预的具体实施步骤

可能引发危机产生的急性应激因素有很大的不同,个体在生活中遭遇的慢性应激因素更是千差万别,再叠加上个体独特的个性基础,当事人所面对的各种危机不可能一概而论,更难以提供简单划一的应对方式。但是,危机干预专业人员还是希望能够有一个相对简单明了且行之有效的危机干预模型。下面介绍的危机干预六步骤(Gilliland,1982)就是一个被广泛运用的危机干预模型,它将各种有效的危机干预策略整合到解决问题的全过程之中,而且系统化、结构化、渐进化,可用于帮助多种类型的危机当事人。

1.确定问题

这是一个问题界定的起始步骤。此时需要专业人员运用积极倾听的技术,去理解和确定当事人面对困境所认知的问题,即从当事人的角度探索并界定其问题的性质。如果没有对当事人的共情、理解、尊重、真诚、积极关注、无条件的接纳等基本态度,就难以当事人同样的方式感知、理解其危机情境,准确贴切的评估便无从谈起,随后所有的干预也将是无的放矢,不具任何意义。可以说,危机干预专业人员能否很好地运用倾听技术是能够有效实施危机干预的基本点所在。

2.确保求助者的安全

这是危机干预的第二个步骤。尽管这里将确保求助者安全置于危机干预的第二个步骤,但它是危机干预的首要目标,而且必须贯穿危机干预的始终。这里所说的安全,指的是当事人无论在身体上还是在心理上,如果存在对自己或者对他人与社会造成危险的可能性,危机干预专业人员需要尽最大努力去降低这种危险,尽力保证安全。评估当事人的安全风险,采取各种有效措施努力确保安全,在危机干预工作中最为基本和重要,因为生命一旦丧失,其他都将无从谈起。确保求助者的安全需要采取各种有效的措施,此时还需要正当泄密。

3.给予当事人支持

这是危机干预的第三个步骤。在危机干预过程中,最为直接的给予当事人的支持来自危机干预专业人员。因为陷入心理失衡状态,当事人事实上缺乏或者难以感知自己存在的支持资源,自觉孤立无助,此时来自专业助人者的心理支持非常重要甚至至为关键。一般说来,专业人员与当事人不存在相识、相知的关系,因此,单单靠着危机干预专业人员的言语保证难以被当事人接受,需要强调专业人员与当事人的沟通交流,使得当事人深深感受到自己的被理解、被尊重、被关注、被无条件的接纳,确信自己面对的专业人员就是一个愿意也能够给予自己支持的人。

4.共同探寻可变通的应对方式

这是危机干预的第四个步骤。此前三个步骤的侧重点在于倾听,自此及以后的三个步骤则更多地侧重于干预。严重受创而陷入危机的当事人常常思维变得窄化,能动性下降,难以看到或判断自己所拥有的可能的选择机会,一些深陷绝望的当事人甚至认为自己已经陷入绝境、无路可走。此时的专业人员需要帮助当事人一起去探寻可变通的应对方式,并且去验证当事人的哪些应对方式会更加可行、有效。心理顾问作为专业人员,可以协助当事人从如下几个角度去思考探究:①外部支持。这是指当事人自身以外,在其过往以及当下已经或者可能给其帮助资源的人。即便当事人一时看不到,但并不等于外部支持也就是环境支持绝对不存在。②应付机制。这是指通过专业人员的帮助,协助当事人去探寻为了摆脱困境自己可以采取的行动,以调动自身与外部的资源去应对危机。③积极的、富有建设性的思维方式。认知扭曲常常是危机当事人心理失衡的重要原因与结果。帮助当事人重新审视自身面对的危机情境,改变自己对问题的不合理想法,可能减轻与缓解当事人的激烈应激反应。

5.制订行动计划

这是危机干预的第五个步骤。失去心理平衡的危机当事人即便通过专业人员的协助探寻到对自身而言有意义的可变通的应对方式,要把想法付诸行动还是一个艰难的过程,因为情绪的波动、动机与动力的不足或动摇等都是可能的阻力。因此,专业人员要与当事人共同协商,制订符合危机干预目标的切实可行的行动计划,帮助当事人恢复情绪平衡,是一个必要、重要的步骤。这里需要注意的是:①行动计划需要与当事人共同商讨制订。不能使得当事人感觉自己的权力、独立与自尊被剥夺,感觉计划是被强加的,这不仅可能导致计划实施过程中的阻力,也可能导致当事人对专业人员的依赖。②实施计划的过程中要有支持者。这个支持者无论是个体、团体还是其他相关机构,能够在当事人实施计划过程中提供必要的帮助、支持。③提供应付机制。这里所说的应付机制是指当事人能够立即着手去做的、具体积极的事情。如果行动计划所涉及的内容,不切合当事人的实际,或是其现实能力难以达成的行动,更将使当事人产生挫败感。

6.给出承诺

这是危机干预的第六个步骤。此步骤可以视作是第五个步骤的自然延伸,前者的任务完成是否满意与后者的顺利实施直接相关。获得当事人对于执行行动计划的诚实、直接、恰当的承诺,表达认真履行行动计划中的具体内容的决心,会对当事人积极、建设性的行为改变带来进一步的推力。

专业人员在此过程中特别要关注持续评估当事人的控制性与自主性是否在逐步恢复,因为干预的目标就是帮助当事人重新获得对于生活的控制感。因此,贯穿危机干预始终需要进行评估,它以行动为导向,以情境为基础,是一个从评估到倾听再到行动的积极果断、主动连续的过程,以帮助当事人恢复到危机之前的心理平衡状态。

第三节　心理危机的评估与预防策略

心理顾问能否很好地掌握评估技巧很大程度上影响危机干预的效果,因为时间十分有限,情况非常紧迫,专业人员需要迅速地作出判断,正确把握当事人所处的境遇与反应,并选择危机干预要采取的具体行动。同时,心理顾问还需要了解心理危机的预防策略,为个体、家庭与组织的资源、恢复力的增进提供专业帮助。

一、危机干预中的评估

实施心理危机干预,评估是其中的重要内容,而且,它必须贯穿整个危机干预的始终。评估一般包括危机严重程度的评估、情绪状态的评估、应对方式与支持系统的评估和自杀危险评估。

1.危机严重程度的评估

心理顾问在必要时可与当事人建立危机导向的助人关系。然而要提供这样的专业服务,需建立起最初的咨询过程,并且从评估当事人面临的危险程度和危机水平开始。危机严重程度的评估一般从认知状态、情绪反应和精神活动等方面进行。

(1)认知状态评估

在急性情绪创伤或自杀准备阶段,当事人的注意力往往过分集中于自己眼中看见的"灾难"和悲伤反应,认知能力下降或窄化,思维模式消极扭曲。专业人员需要对当事人的认知状态进行评估,敏锐地观察其对于危机的认识是否符合真实情况,是否存在偏差和曲解以及偏差与扭曲的程度、持续时间,是否对自己的扭曲认知存在质疑等。扭曲程度越大,持续时间越长,自我反思越弱,一般显示危机越严重。

(2)情绪反应评估

情绪的变化十分敏感,情绪异常一般是危机中的当事人最先出现的心理征象。心理顾问在评估危机严重程度时,需通过观察、会谈和借助于心理测验,了解当事人的情绪状态,是否与引发情绪的情境相一致,是否在情绪的极性、强度、持续时间等方面表现适当,是否有情绪的过度激动与失控或低落与淡漠等。

(3)精神活动评估

处于危机情境中的当事人常常会出现精神活动的失衡,有的表现为迟滞、退缩、回避甚至无所适从,有的可能无比亢奋。当事人的精神活动体现了其承受危机的能力,专业人员可以通过对当事人精神活动的评估判断其危机的严重程度。

2.情绪状态的评估

因为情绪常常是危机的首发征象,因而在危机的评估中还需对当事人的当前情绪状态进行具体的评估,其中危机的持续时间和当下危机当事人的情绪承受能力是主要要素。

（1）情绪反应频度的评估

即要评估当事人情绪反应的频度、何时出现、持续多长时间以及变化规律等。当事人应激的发生有时是急性的，可能强度比较大，但呈现一过性，有的则可能是较为长期的应激，二者在干预时的关注点是有区别的。对于急性应激所导致的危机，干预时需要了解当事人遭遇的当前社会生活事件与压力构成，引导其应用合适的应对方法，努力寻求社会的帮助资源与自身的应付机制，尽可能独立地走出危机境遇，恢复情绪平衡状态。对于慢性应激所导致的危机，干预时则需要更为全面地评估构成当事人危机的整体因素，干预的过程也可能更加艰巨，更可能以渐进的过程帮助当事人建立信心、构建新的应对策略、恢复情绪平衡是心理顾问必须要有的心理准备。

（2）情绪控制能力的评估

不同的危机当事人在情绪控制能力方面存在着个体差异，而且处于危机之中的当事人残存的情绪力量也不同。有的人基本绝望，可以说情绪力量趋近于零；有的则还有一定的情绪力量，也就是尚有一定的情绪控制能力。心理顾问需要对危机当事人的情绪控制能力进行评估，不仅关注个体差异，更关注其当前的情绪状态。

评估当事人当前的情绪状态，需要全面了解影响危机当事人情绪控制能力的各种个体相关因素，如年龄、个性特征、智力水平、职业状况、经济状况、人际关系、健康状况、家庭状况、亲子关系、过往经历等，客观地对当事人的自我情绪控制能力作出评估。

3.应对方式与支持系统的评估

心理顾问在对当事人进行危机评估过程中，不可忽视的是对其应对方式与支持系统的关注。身处危机的当事人出于趋利避害的本能，会采取自认为合适的方式进行应对，但事实上这些应对方式可能是错误的，也可能是无力的或无效的。应对方式越是错误、无力，危机就可能越严重。社会支持系统对危机当事人而言就是生命的拉力，当事人可利用的社会支持系统越少，危机就可能越严重。

对危机当事人应对方式与支持系统的评估不仅是危机评估的题中之义，干预和影响本身也包含在此过程之中。

4.自杀危险评估

作为当今日益严重的公共卫生问题之一,自杀现象引起了社会各方的密切关注。自杀是一种非常复杂的现象,虽然不可能绝对预防,但是因其涉及生命,人们在努力寻求有效预防的方式。自杀是心理危机的极端表现方式之一。在心理危机的评估中,专业助人者必须对危机当事人的自杀危险性评估予以高度重视,切不可掉以轻心,因为,生命一旦丧失即无可挽回。

下表(表6-1)是一份在自杀危险性评估中常用的工具,分数越高则提示当事人自杀的危险性越高。

表6-1 自杀的危险性评估

与自杀企图有关的事项	
1.孤立	身边有人伴随(0分) 附近有人或保持联系(如通过电话)(1分) 附近无人或失去联系(2分)
2.时间	有时间给予干预(0分) 不大可能有时间干预(1分) 几乎不可能有干预的时间(2分)
3.警惕被发现和/或干预	不警惕(0分) 被动警惕,如回避他人,但并不阻止他人对自己的干预(一人待在房间中,但却不锁上门)(1分) 不与帮助者联系或不告知他(2分)
4.在企图自杀期间或之后有想得到帮助的行动	有自杀企图时能告知帮助者(0分) 有自杀企图时与帮助者保持联系但并不特别告知他(1分) 不与帮助者联系或不告知他(2分)
5.预料死亡期间的最后行动	没有(0分) 不完全的准备或设想(1分) 制订了明确计划(2分)
6.自杀遗书	没有写遗书(0分) 写了遗书但又撕毁(1分) 留下遗书(2分)

续表

自我报告	
1.当事人对致死性的陈述	认为他的所作所为不会对他构成生命危险(0分)
	不能确定他的所作所为是否有生命危险(1分)
	坚信他的所作所为将对他构成生命危险(2分)
2.陈述的意图	不想去死(0分)
	不能肯定或者不能保证继续活着还是去死(1分)
	想去死(2分)
3.预谋	感情冲动的,没有预谋(0分)
	对自杀行动考虑的时间不足1小时(1分)
	对自杀行动考虑的时间不足1天(2分)
	对自杀行动考虑的时间大于1天(3分)
4.对自杀行为的反应	当事人很乐意他被抢救脱险(0分)
	当事人能确定他是感到高兴还是后悔(1分)
	当事人后悔他被抢救脱险(2分)
危险性	
1.根据当事人行为的致死性和已知有关事项来推测可能的结果	肯定能活着(0分)
	不大可能会死亡(1分)
	可能或者肯定死亡(2分)
2.如果没有专业处理,当事人会发生死亡吗?	不会死亡(0分)
	不一定(1分)
	会死亡(2分)

#评分达到或超过10分提示有较高的自杀危险性。

危机干预中的评估有别于一般心理咨询中的评估,其显著特征是需要在尽可能短的时间里收集有关信息资料,快速判断,并为进一步地、必要地联系当事人的监护人、转介或有针对性地干预做好准备。

二、心理危机的预防策略

1.发挥社会支持系统的作用

当事人遭遇任何超出正常经验范围的事件,并且在应对过程中出现了超乎寻常的困难,甚至超出当事人可使用的资源和能力的范围,进而可能引起急性的认知、情感、躯体和行为等方面的失衡或危险状态。此时,心理顾问需要有意识地去发现、发掘对当事人而言非常有意义的、可利用的外部资源,帮助当事人减轻应激的作用,恢复正常情绪,避免危机进一步加深,进而恢复正常的心理自主性与控制性。这种外部资源就是当事人的社会支持。

社会支持是指当事人能够从外部得到的精神与物质方面的支持,就其功能而言可以分为知识性的支持、情感性的支持和实质性的支持。知识性的支持指的是合理的认知信念带给人们的强大精神支撑,比如,"青山不在,我就青山";"任何时候、任何情况下,一个人实际拥有的资源和支持者,一定比其意识到的要多得多";"坚持下去就有各种可能"等。情感性的支持指的是亲子关系、亲密关系、家庭、朋友、社团等重要的社会支持系统带给人们的归属感、价值感。一般来说,处于失衡状态的当事人的基本感觉是自我受到挑战或破坏,而情感支持对于当事人维持与调节其自我观念、自我感受有重要作用。实质性的支持指的是物质性的帮助,对于资源与能力在现实情境中处于匮乏状态的当事人,有时必要的物质性帮助可能是恢复平衡的重要前提。

社会支持系统在危机干预与预防之中有时能发挥专业人员难以起到的作用。由于病耻感等的影响,当事人可能不愿意在需要求助时向专业人员伸手,但是面对在日常生活中与其建立了联系的其他人,因为有着基本的熟悉与信任,也没有专业人员与"病人"的标签,他们可能成为当事人所选择的"倾听者"。这样一来,危机的警号就容易被发现,而且,他们对当事人过往经历和当下情境的了解有助于在必要时为专业人员提供准确清晰的信息。社会支持系统发挥作用有一个重要前提,即需要在各类组织内普及开展心理健康教育与危机干预知识的学习、培训,引导他们热爱生活、热爱生命,认识自我、发展自我,增强心理调适能力、提高心理健康水平,并知晓心理危机及其表现形式,掌握帮助和关怀出现心理危机的同伴的知识与技能,学会自助与助人。这不仅仅是宣传教育活动,它本身就是心理危机预防的社会支持系统构建的题中之义。

2.心理危机的前瞻性预防

就心理危机的前瞻性预防而言,一个重要任务就是及时发现并阻断危机发展的历程。由于个体和情境的差异,危机警号与线索也将有不同形式的呈现。但是,如果能够通过各类培训使组织中的所有成员能够对此提高觉察能力,同时提升应对处置能力,无疑更多的危机就能够被前瞻性地识别并得到有效干预。

①传递危机警号的直接言语信息包括:"我不活了。""我希望我已经死了。""我想要自杀。""我想让这一切都结束。""如果……无法实现,我就会杀了自己。"等等。

②传递危机警号的间接言语信息包括:"我已经对生活厌倦了。""还有什么好继续下去的?""我除了给家人添麻烦,没别的。""如果我死了,不会有人在乎。""我不想再继续下去了。""我就是想离开。""我对一切都已经厌倦了。""如果没有我,你会更好。""生活已经没有意义。""很快我就解脱了。""一切都没有意思。""你会为你对待我的方式而后悔的。""拿走吧,我不再需要了。""没有人再需要我了。"等等。

③传递危机警号的行为线索包括:沉迷网络,放弃事业、学业;整理个人物品;将自己心爱的东西送给他人;新建或改变一个愿望;与同事、同学、朋友和家人的关系突然改变(断绝或和解);行为的改变,如尖叫、捶打、扔东西等;删除自己电脑中的所有资料;对过去感兴趣的事物失去了兴趣;丧失技能,心智混乱,失去理解力、判断力或丧失记忆;烦躁并激越;极度懒惰、拖延,甚至懒于打理自己等。

④传递危机警号的情境线索包括:事业、学业失败或重要的阶段目标挫折;失恋或失婚;人际关系疏离;罹患绝症或长期难以治愈的慢性疾病;搬家或转学,尤其是在并非出自本人意愿的情况下;丧失亲密的同事、同学、朋友、家人,尤其是因自杀或意外导致的情形之下;不明原因地对亲友发怒等。

心理顾问的危机干预与预防策略中还包括:

①不要质疑当事人可能存在自杀的危险;

②向处在危机中的当事人表达自己的担忧;

③直接询问是否有自杀的想法、是否有自杀的计划；

④不要大惊小怪，不要评判自杀的对与错，不要承诺对当事人的自杀绝对保密；

⑤若自杀随时可能发生，应安排人看护好当事人；

⑥经验缺乏的专业人员可请教经验丰富的专业人员如何处置危重情况；

⑦让企图自杀的当事人懂得，他们认为的走投无路状态并非是"绝境"，可以通过变通和其他应对措施使危机得到缓解；

⑧当事人心目中的权威角色或者情感较为亲密者，对处在自杀危机的当事人有较强的支持作用；

⑨处在严重抑郁的当事人在自杀的高危状态被缓解后，此时抑郁情绪的好转过程正是他们容易再次实施自杀的复燃期；

⑩通过心理顾问的专业努力，在职业组织范围乃至家庭、社区之中，普及危机防御的有关知识，一定能够有效地降低危机的风险，为大众带来更多的希望。

❓ 思考题

1.心理危机的概念是什么？

2.心理危机具有哪些特征？

3.简述心理危机演变的几个阶段。

4.心理危机的表现形式有哪些？

5.危机干预的概念是什么？

6.公共卫生危机干预目标包含什么内容？

7.医疗体系危机预防目标包含什么内容？

8.危机干预的主要技术包含哪些？

9.在运用沟通技术实施危机干预的过程中应注意哪些问题？

10.危机干预中的支持技术主要包含哪些内容？

11.危机干预中实施问题解决技术时应注意些什么？

12.说说在危机干预中提供应对技巧及社会支持的必要性。

13.简述危机干预的步骤。

14.为什么说有效运用倾听技术是实施危机干预的基本点所在?

15.危机干预中探寻可变通的应对方式包含哪些思路?

16.危机干预中协助当事人制订行动计划时应注意些什么?

17.危机干预中的评估一般包含哪些内容?

18.自杀危险性评估中包含哪些基本内容?

19.危机干预中的评估与一般心理咨询中的评估有什么显著区别?

20.简述心理危机的预防策略。

本章参考文献

[1] 傅安球.心理咨询师培训教程[M].2 版.上海:华东师范大学出版社,2010.

[2] 季建林,赵静波.自杀预防与危机干预[M].上海:华东师范大学出版社,2007.

[3] B.E.吉利兰,R.K.詹姆斯.危机干预策略[M].肖水源,等,译.北京:中国轻工业出版社,2000.

[4] 樊富珉,张天舒.自杀及其预防与干预研究[M].北京:清华大学出版社,2009.

[5] 王明旭,李小龙.大学生自杀与干预[M].北京:人民卫生出版社,2012.

第七章
心理顾问在企业中的应用

在企业中,应用心理学与现代化大生产是密切相联系的。自 19 世纪末期起,随着生产规模日益扩大,对企业管理也提出了更高的要求,劳动组织和管理理念都提到上了研究和科学化发展的日程。

心理顾问扎根企业不但可以把心理学的知识应用于分析、预测、指导管理活动中的个体和群体,同时有助于改善组织管理模式、调动组织成员的积极性和激发高管的领导效能,以管理心理学、组织行为学为主要理论基础,达到协调企业组织发展、增强团队管理技能、提高员工工作绩效和生活幸福度的目的。

心理顾问在企业中关注的重点内容界定为在企业统筹发展、人才选拔任用、组织氛围建设等管理中具体的心理现象,员工个体的常见心理问题及应对,以及高管基本素质、工作模式和领导艺术的心理能力提升等方面。

第一节　心理顾问在企业中的服务对象

企业是人类活动的特殊场所,其中参与活动的对象包括"人"与"事务"两个方面。它们之间构成了三种关系:事务与事务的关系、人与事务的关系、人与人的关系。

心理顾问在企业中的服务是关注人的心理活动,以人的心理活动规律性为主体对象,其原因基于以下三个:

首先,企业以人为根基。企业管理强调以人为中心,个人组成某一群体,而群体又存在于组织系统之中,建立以人为中心的管理制度,心理顾问的介入着重研究人的心理活动的规律性,将有助于在科学分析的基础上,采取科学的管理方法,促使企业管理取得最佳的成绩。

其次,企业的首要资源是人。在现代企业管理中,随着科学技术的发展,企业模式越来越多样化,人员流动性明显加剧,"你不养鱼,鱼马上换鱼池"。心理顾问重视人的因素,摸索人主观能动的背后心理需求,从而有方向地激发员工的动机,这一点在企业中显得尤为重要。

最后,企业管理的主体是人。无论何时,不管是现在的大数据时代,还是未来的任何管理模式,永远不变的是要通过人来主导实现企业的目标。不管机器人、人工智能多么高度发展和普及，都是基于对人的模拟和探索。因此以人为主导的企业发展高度，取决于企业领袖与战略管理者的心理广度和深度。

一、以企业组织为心理顾问对象

个人的心理和行为既要受特定组织环境的制约和影响，又会影响组织功能的发挥。心理顾问在组织管理中针对如何有效运用组织中的人力、物力、财力和多种媒体及外界信息等形成主要的服务方向。

霍曼斯认为组织除了有工作环境、文化环境和技术环境等由周边环境所构成的外部系统，还存在内部系统，随着人们交往和相互作用的加强，不仅会有新的情感，还会产生新的行为规范、新的态度。这种新规范、态度、活动方式并不是由外界环境引起的，而是由社会系统中的内部系统（即非正式组织）引起的。同时，内部系统与外部系统是相互依赖的，内、外两个系统与外部环境也是相互依赖的，其中任何一个系统的变化都会引起另一个系统的变化。

然而，由于"互联网+"的迅猛发展，当下企业面临两种情境：

一是抓住机遇，实现了创新，快速壮大，但管理步伐跟不上，容易失控脱轨。

二是实现新产业升级困难，虽稳步发展，随着大环境下人、事、物各项成本的增加，整体焦躁感增强，停滞难行。

归根结底，其原因是当下企业在管理过程中存在较多不足，比如：①企业内部管理理念更新慢，乃至落后，现有的管理形式跟不上企业发展进度，进而出现管理体系不明确的情况；②在具体管理过程中部分员工的思维比较落后，不能有效结合外部环境和社会发展趋势对管理模式进行优化分析；③在专业化发展方面，企业员工缺乏专业知识体系和技能控制体系，不能为员工创造发展空间；④因企业内部资源配置不合理，导致员工之间无法和谐相处，进而出现人际关系不协调等。

鉴于这些不足会给企业组织带来情感、态度及规范等变化，心理顾问可以运用心理学知识和技能，使组织与环境较好地互相协调，在组织不断与外部进行物质、能源、信息交换的同时打破传统组织管理模式，并在强化管理人员的联络功能方面发挥重要作用。具体可应用在以下五个方面：

1.优化人员选拔安置

合理选人、用人对整体管理体系有一定的引导意义，在发展过程中需要利用心理学相关知识，不断优化录选、提拔、裁员形式，在设计过程中对人的思维模式、能力、性格等有一定的了解,减少不良因素的消极影响,不断完善应用体系。

在具体操作过程中要对资源进行合理配置,必要时建立人才能力素质检测模型,并以此作为重要的参照标准,根据员工的特点,将其分配到不同的工作岗位。

2.营造和谐的工作氛围

工作氛围差,对员工的工作能力发挥影响极大,因此要及时了解员工的心理变化,采用内外部控制体系对其进行优化分析,尽量为大家营造和谐的工作氛围。

企业领导要及时了解下属员工的心理状态,及时处理员工提出来的问题,并建立切实可行的管理机制,并对涉及的影响因素进行合理有效的分析,如果存在异常情况必须第一时间采取恰当的处理措施,适当干预。

3.完善绩效管理体制

员工在工作过程中是以经济收入和价值实现两方面为主,因此需要了解员工的心理特点,在实践中积极开展绩效管理体系,对现有的管理模式进行优化,不断提升员工的经济利益和价值实现,满足其高层次需要。

绩效管理通常分为行为管理和过程管理。实际操作过程中,要重视干预手段,并结合外界因素的控制形式,直接对组织模式进行有效的控制。

4.优化组织管理形式

以管理心理学知识为基础,不断优化组织管理形式,必须促进员工团结,及时了解员工性格,对其进行适当的指导,沟通是企业整体管理中的有效途径。

在应用阶段为了避免出现失误,要组织员工积极进行沟通和交流,对涉及的问题提出合理化建议,进而促进企业的可持续发展。

5.完善内部管理机制

内部管理机制必须以固定的应用体系为研究点,并结合实际发展趋势,在实践中实现优化。

企业管理体制要重视员工自身的未来职业前景,并结合员工的实际发展情况,协助员工做好职业规划,只有有理想和目标的员工才能在企业不断努力工作,保持高昂的工作积极性。

二、以企业员工为心理顾问对象

一个组织的管理者要实施有效的管理,首先必须对管理对象"人"和人的本质有一个正确的认识,尤其是分工与合作越来越精细和紧密的今天,在员工的把控和协调等方面对管理者提出了越来越高的要求。因此,心理顾问服务帮助管理者深入了解人的本质和心理活动规律,从而提高社会认知能力和实操管理水平。

员工的年龄、性别、家庭状况、任职时间等因素都直接和间接地影响职工的工作效率、满意度、出勤率及流动性。比如,在性别方面,对工作绩效而言男、女差别不大,但女性更倾向于服从权威,男性更倾向于对自己保持较高的期望值;在婚姻方面,已婚者和稳定的家庭关系有助于增加职工的满意度,减少缺勤率;在任职时间方面,任职时间与职工的缺勤率、流动率均成负相关。

人与人之间在个性特征上是存在差别的,也被称为个体差异。目前,管理界对个体差异的研究主要包括两方面:一是个性倾向性差异,即在需要、动机、兴趣、信念、理想、世界观等方面的差异;二是个性心理特征差异,即在气质、能力、性格方面的差异。

1.气质差异与管理

气质即人们常说的"性情""脾气",是人的高级神经活动类型的心理表现,是不以活动目的和内容为转移的典型的、稳定的心理活动的动力特性。这种心理活动的动力特性,反映了个体心理过程的强度、速度、稳定性、灵活性以及心理活动的指向性等特点。不同的气质差异,使员工在思维的灵活程度、注意力集中时间的长短、情绪反应的强弱、意志努力的程度等方面均不相同,因此在岗位选择以及不同岗位角色扮演上,对待不同的气质类型的员工就应该各不相同。

2.能力差异与管理

能力是指人成功地完成某种活动并影响活动效果的个性心理特征,是人的综合素质在现实行动中表现出来的正确驾驭某种活动的实际本领和能量。能力主要包括观察力、记忆力、思维力、想象力、注意力等方面,同时也体现在写作能力、演讲能力、运算能力、美术能力等具体领域方面,在高低水平和表现早晚上各不相同。一个人的能力总是存在于具体的活动之中,通过活动表现出来,因此如何在活动前激发出员工潜能尤为重要。

3.性格差异与管理

性格是个人对现实的稳定态度和习惯化的行为方式表现出来的。性格特征是千姿百态的,它是决定人命运的重要因素和构成个体差异的重要内容。因为性格并无好坏之分,所以不同的性格和行为习惯都成为管理的重头戏,管理的重点也不在好坏上,而展现在适合性。比如一个内向性格的人,你又必须安排他去做公关工作,那只能给机会让他多加锻炼,使其慢慢适应这一工作环境。

当然,企业心理顾问的介入还担负着员工幸福感提升、心理健康维护、紧急危机干预等责任。

三、以企业高管为心理顾问对象

管理心理学中经典的皮格马利翁效应认为,管理者对其下属期望值越高,其成员的成果就越突出。由此可以说,组织的绩效在一定程度上取决于管理者的知觉和期望值,所以企业高管的认知力和行动力也就承载着企业的命脉。

成功的企业高管应该是在一定的具体条件下,善于考虑各种因素的影响,采取最恰当行动的人。当需要果断指挥时,他应善于指挥;当需要员工参与决策时,他能适当放权。企业高管应因时制宜、因地制宜、因人制宜,适当选择领导风格,才能保证领导行为的有效性。

企业高管承载着企业的高要求,当然也承担着高压力。所以心理顾问对企业高管更多会采用"一对一"的心理服务模式,不但成为企业高管的心理保健员,适时帮助企业高管减压和疏导情绪;也兼具心理军师的使命,协助企业高管更具岗位胜任力。

企业高管岗位胜任力心理素质四大要求:

1.在管理能力方面

①团队管理。重视团队存在的重要性,通过体验和陪伴团队学习、工作、生活和休闲,适应团队习惯,擅于塑造团队和驾驭团队。

②决策能力。能够做出多种方案,并从中选出最优方案;能够在复杂多变的环境中作出风险性决策;能够当机立断,不失时机地作出最佳决策。

③人才管理。能够知人善用,扬长避短;善于激励被管理者的工作积极性,发

现和培养人才,培养下属,使其不断学习成长。

④指挥行动。善于把想法变成行动,把行动变成结果,在预定的时间内,运用组织的力量协调各方面的人力、物力、财力,完成管理目标。

⑤授权监管。将权力授予下属的各类人才,放手让他们去工作,采取有效的手段对他们的工作思路、行为方式和行为效果实行监控。

⑥协调能力。能够妥善处理与上级、同级和下级之间人际关系,与他们友好相处、互相配合、协调一致,使上下级相互沟通,同级相互信任。

2.认知与技能方面

①分析和综合式思维。善于系统地组织与拆分事物的各个部分,系统地比较;也善于找出复杂情况中的关键或根本问题,为关系并不明显的情况理出头绪。

②专业知识和技能。钻研所在岗位的专业知识,以深厚扎实的专业知识拓展领域深度。

③相关知识。除岗位知识外,对人力资源管理、经济学、政治学、公共关系学等学识有一定了解和掌握。

④信息收集能力。管理工作中会遇到各种问题,通过各种来源路径系统地收集资料,亲自观察或接触实际情况,用来诊断问题或找出未来的潜在问题。

⑤学习能力。能够主动、快速地学习各种知识,对工作软实力查漏补缺,不断自我成长。

3.自我和个性方面

①自我控制能力。适当地控制、调节自己的行为,抑制冲动,抵制诱惑,延迟满足,坚持不懈地保证管理目标的实现。最重要的一种是控制情绪的能力。

②自我效能。对自己的能力和判断力普遍有信心;喜欢具有挑战性的任务;勇于直接质疑或挑战上级的行动,面对问题或失败勇于承担责任,并采取各种方法提高绩效。

③宽容大度。关系和谐,使人与人之间的摩擦减少,增强管理与被管理者之间的团结,提高群体相容水平。

④认真敬业。对本职工作认真负责,能够主动对管理工作进行分析并及时作出决策,深入理解企业的管理政策。善于调整自己的行为,使自己的管理工作符合

组织要求和组织利益的期望。

⑤成就动机。为自己及所管理的组织设立目标、提高运作效率,保持高的绩效动机与驱力。

4.人际与影响方面

①人际关系建立能力。根据管理工作需要,能认识并使用各种方法与他人联系,建立并保持社会关系。

②共情力。共情能够帮助一个人体会他人的感受,分享他人的观点,把握他人的需求,并采取恰如其分的语言帮助自己与他人表达情感。

③换位思考能力。在谋求企业利益最大化的前提下,管理者和被管理者在发生矛盾冲突时,都应当站在对方的立场思考问题。

④口语表达能力。在演讲能力、谈判能力、说服能力方面表现突出。谈话传达各种信息,对外谈判争取资源,对内商议解决问题,均能表达自己的想法、理念,进而影响其他人。

⑤个人形象建立。从衣着、谈吐、动作等方面建立良好的个人形象,提升个人品位和气质。

⑥适度表现能力。管理者适度地表现自己的工作能力、专业知识、个人特长,有利于在被管理者面前建立威信,提高自己的管理影响力。

第二节　心理顾问在企业中的三级服务体系

●●●●
●●●●

心理顾问在企业中服务主要通过问卷调查、心理测评和建档、个人访谈、教育培训、个体顾问辅导、团体顾问辅导、危机干预等形式展开。

调查分析　为了收集企业对于某方面问题的态度、行为、特征、价值观、观点等信息设计问题问卷,或进行结构化、非结构化访谈,向被调查者了解情况或征询意见、收集信息等。

心理测评　为员工或管理者提供心理测评服务,或建立心理档案库,以对个体或团队成员的能力、性格等方面进行综合评定。

教育培训　为员工提供与心理成长、心理保健、心理技能等有关的各类辅导培训。

个体顾问辅导　针对不同层级管理者或问题员工实施的"一对一"心理顾问指导和咨询。

团体顾问辅导　以团体为对象,采用"一对多"的方式解决团体面临的问题。

危机干预　为各种紧急、重大问题和事项提供的心理危机评估和干预服务,如自杀、自伤、暴力等事件。

同目前企业 EAP(Employee Assistance Program,企业员工帮助计划)帮助员工解决社会、心理、经济、健康等方面不同的是,企业心理顾问的服务更为心理专项化和细致化,重点瞄向管理者和员工的心理能力提升、心理保健和幸福生活、快乐工作等。依据服务所面向的群体和产生效用的不同,建立普及与预防的发展层、辅导与提升的保健层、应急与救助的干预层三级服务体系。

一、普及与预防的发展层

发展层是以企业全体成员为对象,对心理健康知识和心理常规技能的普及与宣传,旨在帮助大部分人提升心理健康指数,提高心理应对能力,防患于未然的发展性指导。这一工作着重体现了心理顾问服务所承担的教育和成长职能,即通过对员工开展大量调查分析、推广宣传、心理测评、心理知识培训,来提高员工应对工作、应对压力、应对人际的能力。

1.前期性调查分析

这里可以采用的手段包括面谈调查、电话调查、网络调查等。可以选择个案调查,也可以重点调查或随机抽样调查。由于调查对象的复杂性和各种条件的限制,大型企业员工人数较多,毫无遗留地对研究对象的一切方面、一切过程进行全员调查是很困难的,也是没有必要的。因此,在全面性的基础上要坚持典型性的原则,要精选代表性的调查对象,最后通过对数据进行科学的处理,便于评估员工心理现状和分析导致问题产生的原因。

在设计调查项目和问卷设计方面要有针对性。设计的调查项目应能用来收集所需的专门研究资料,不要列出与研究题目无关的问题。如果在调查项目中设计与研究目的无关的内容,既浪费被调查者的时间和精力,也会为以后的数据处理带来麻烦。

在问卷中,应从一般性的提问到具体的提问。在设计问卷时,要合理安排所提的问题,通常要有一个递进的过程,一般性问题放在前面,最重要的问题放在中间,后面放一些被调查者可以自由发挥的题目。这样比较符合被调查者的心理活动状况,进而提高调查的效果。

作为企业心理顾问,这里需要强调的是,心理档案的建立、访谈记录原件、调查表原件等一定要做好原始资料保留,以备后期存档和进行结果分析。

2.基础性推广宣传

企业心理顾问服务在宣传和推广方面,往往会碰到来自许多方面的困难。因为心理顾问服务机构通常是把它作为一种有偿服务推广给一个企业或组织的,然后由企业组织再作为一项福利项目免费提供给员工。在这个过程中,企业组织会特别关注它的成本效益或投资回报,如何在短时间内评价一个心理顾问服务的成功与否,是具有一定挑战性的。

事实上,一个企业组织是否接受心理顾问服务与该机构的决策者们对人的重视程度非常相关,同时也取决于他们对企业员工的心理和行为问题对工作结果的影响性等方面的敏感度。因此,企业需要通过多种渠道、多种形式帮助员工更深刻地认识到心理学以及心理顾问服务会对自己、对工作和生活产生积极影响,从而积极主动地使用心理顾问服务。

这里可以利用印刷资料、网络、新媒体等多种形式,树立员工对心理健康的正确认识,鼓励员工遇到心理困惑时积极寻求帮助。比如:①利用企业内部已有的资源,如新闻部、广告部等,完成心理顾问服务宣传品的印刷制作,节约金钱和时间。②通过借助企业中的高级领导的支持,使企业中各部门相互协作,共同学习与宣传心理顾问服务知识。③通过制作宣传手册、海报,绘制宣传栏对心理顾问服务进行宣传等。

3.建档性心理普查

心理测评可以从员工的能力倾向、创造力、人格、心理健康等各方面进行全面的描述,说明个体的心理特性和行为。同时可以对同一个人的不同心理特征差异进行比较,从而确定其相对优势和不足,发现其行为变化的原因,为企业决策提供信息。

　　心理测评的结果可以为客观、全面、科学、定量化地选拔人才提供依据；也可以了解个体的能力、人格和心理健康等心理特征，从而为人尽其才提供保障。心理测评可以确定个体间的差异，并由此来预测不同员工在将来企业活动中可能出现的差别，规划员工发展方向。心理测评可以帮助测评者了解自己的心理健康状况，通过心理评测唤醒人们注重心理健康的意识，知道应如何预防和治疗心理疾病。

　　这里需要特别建议大家使用信度、效度值比较高的科学化量表。

　　常用于人员选拔、职位调整的量表，如"职业能力倾向测试""管理能力测试""卡特尔 16PF 测试""创造力测试""工作动机测试"等。

　　常用于企业培养员工归属感的量表，如"马斯洛安全量表""爱德华需求量表""家庭环境量表""心理承受能力测试""信任评价测试""工作压力测试"等。

　　常用于员工健康测试的量表，如"SCL-90 量表""A 型行为问卷""抑郁自评量表""焦虑自评量表"等。

4.公开性教育培训

　　很多企业高层领导和 HR 正是因为参加和接受心理培训，感受到心理健康的意义和力量，联系自身生活和工作实际，考虑到员工素质特别是员工的情绪和心理健康对企业绩效的影响，才开始关注企业心理服务的。

　　所以，公开性的教育培训是企业心理顾问服务成功的根本保障，它是提升员工对心理健康的关注意识和促进心理健康发展的基本手段。在项目服务的发展层，开展有意义的心理健康教育知识讲座，有利于提高大家对心理顾问服务的认识和接受度。

　　这里的培训主要是指向宣传，重在引导对心理学、心理顾问服务的理解和重视。比如，职业心理健康类、自我探索与认识类、压力与情绪管理类、婚姻家庭指导类、亲子教育指导类、人际关系类等主题。

　　具体形式可以采用公开课、作报告、观看录像、网络课程等。

二、辅导与提升的保健层

　　保健层是以问题群体或某一特定群体（如管理者、自卑群体、压力群体、消极怠工群体等）为主要对象，旨在通过开展个体心理辅导、团体辅导或专题培训等，帮助他们提升某方面专项能力，或回归健康状态等。

1.一对一顾问服务

对于有职业管理、发展需要的管理者或受心理问题困扰的员工,通过咨询电话、网上服务、面对面指导等一对一形式,充分发挥心理分析、支持、引导作用,解决心理困扰。

职场中常见个体问题类型如下所述:

(1)职场压力问题

工作超负荷、绩效评价、同事之间的激烈竞争、工作气氛的紧张等所带来持续性紧张情绪状态。

(2)人际关系焦虑

由于不能处理好与客户、上下级、同事的人际关系,或者由于遭到性骚扰、打击报复等所产生的焦虑、恐惧不信任,进一步反应为迁怒、攻击、冷漠保持距离等。

(3)工作倦怠问题

工作丧失成就感,自信心缺乏,心理疲劳,工作动力不足,从而表现出迟到、早退、请假、矿工、工作事故等现象。

(4)生活与习惯问题

因身体欠佳、夫妻关系紧张、子女教育挫败、经济压力过重、网络成瘾、药物依赖等问题导致情绪不稳,无心工作。

这里需要特别强调的是,一般实施一对一心理顾问服务之前应与客户签订保密承诺;如有必要,可以对辅导过程进行录音或录像,但是必须事先征得当事人的同意,并详细说明录音或录像的用途。

2.一对多团体辅导

团体顾问辅导既可以帮助组织机构更好地实现组织机构的目标,又能协助问题员工更好地面对在个人生活和工作生涯方面的种种困惑,支持和引导成员应对压力、面对困难、开发潜能、保持心理健康和成熟等。

因为此类团体是因某一共同目标而建立的非正式组织,这样的团体内部更能够通过沟通来表达自己的挫折感和满足感,从而更能敞开心扉、真诚面对,缓解他们的不满情绪。

一般有 5~12 人的小团体,也有 12~25 人的大团体,考虑到辅导的效果通常建议最多不超过 30 人。

一对多的团体辅导可以以娱乐放松为主,也可以以成长提升为主,针对企业的团体心理辅导应涵盖员工的情绪健康与压力管理、企业精神与核心文化认同、团队建设与增强企业凝聚力、员工综合幸福感提升等方面的主题。具体来说,如人际关系、自我觉察、压力管理、亲子互动、职场提升、情绪管理、团队建设、潜能开发、耐挫力提升、情商提升、工作与生活平衡、生涯规划、自我认知等方面。

3.专题性教育培训

这里的教育培训内容更加指向专题和系列,主要起到深化、保健和提升的作用。

主要是在前期调查摸排的基础上,结合企业的制度、规划、文化等具体情况,明晰员工的工作环境和工作状态等具体问题,开展与心理的敏感性因子实际相关的培训内容,从而提高员工的情绪、行为和认知调节能力,增强员工的心理承受能力。

比如新员工心理培训、时间管理培训、目标管理培训、职业生涯发展、高效能团队建设、管理和领导心理艺术、管理能力提升(比如班组长、部门主管、营销经理、服务经理等管理者)、投诉处理心理技能等具体的内容和领域。

三、应急与救助的干预层

干预层是以企业应激事件或危机员工为主要对象,通过组建心理危机干预队伍,开展心理危机评估和紧急性危机应对等。旨在通过危机干预、一对一顾问咨询、心理转介等形式,对工作、生活中产生重大问题的特定员工进行干预帮助,将问题带来的持久性和破坏性降到最低。

心理危机干预是指针对处于心理危机状态的团体或个人,及时给予适当的心理援助,使之尽快摆脱困难。

这里的危机干预队伍是个组合体,由心理、医疗、安保等多组织领导牵头,专聘心理实战专家 24 小时随时待命,危机事件后果不可预测,不得有丝毫马虎懈怠。

企业里的心理危机状况多表现在安全生产事故、食品安全、职业危害、暴力事件、企业裁员、经济安全事件、性侵害、精神疾病、自杀自伤等方面。

干预的目的是防止过激行为,尤其注意防范抑郁、人格异常、精神分裂患者引发的自杀、伤人等行为;促进交流与沟通,鼓励当事者充分表达自己的思想和情感,促使问题解决;提供适当医疗帮助,处理昏厥、情感休克或激惹状态,并于事后做好心理转介工作。

干预的对象包括创伤性应激事件幸存者、事件目击者、事件当事人的亲人和救援人员等。当然,性质不同的事件,需要接受心理干预的对象有所不同,即便是同一事件中需要心理危机干预的对象在严重性和危机性方面也有很大的差异。

心理危机干预应当根据时间类型和人员受害级别多层次、有次序地进行。

企业心理顾问服务的三级体系模式是企业心理工作的基石,多层次的服务和介入将确保全员发展在不同阶段都能找到相应的支持资源,三个层级相辅相成。发展层是基础性工作,如果做得不好则会相应增加其他层级的问题发生概率;保健层是关键,干预层则是防止有问题或问题严重的成员所形成的消极影响继续扩大乃至影响全体员工的保证。

第三节　心理顾问服务中的激励理论及心理效应

企业管理中应用心理学理论旨在更好地促使个体有效地完成组织目标。但是每个人的潜力不同,若想员工的工作节奏及能力增长匹配企业发展,自身通过主观努力晋升到理想位置,取得较大的成绩,往往需要通过激发他们强烈的内驱力而获得。用必要的激励机制和心理原理促使企业员工的积极性增强、能动性提高,才能使企业各项工作的效率和质量得到稳步提升,才能使企业在日益激烈的市场竞争中立于不败之地。

一、激励理论及管理应用

关于如何激励企业成员这一问题,心理学家进行了大量的研究,这些研究成果也成为心理顾问在激发企业员工积极性方面的应用基础。其中最著名的理论有赫茨伯格的双因素理论、弗鲁姆的期望理论、亚当斯的公平理论。

1.双因素理论

双因素理论首先是由美国心理学家赫茨伯格(F. Herzberg, 1894—1989)于

1959 年提出的,其全称为激励因素—保健因素理论,简称双因素理论。赫茨伯格经过研究认为,引起人行为动机的因素主要有两种:一种叫保健因素,如工作条件、人事关系、工资待遇等;另一种叫激励因素,如工作责任的大小、个人成就的高低、工作成绩的认可等。

保健因素——赫茨伯格从 1844 个案例调查中发现,造成员工不满的原因,主要是由于公司的政策、行政管理、监督、工作条件、薪水、地位、安全以及各种人事关系的处理不善。这些因素的改善,虽不能使员工变得非常满意,激发员工的积极性,却能解除员工的不满,故这种因素称为保健因素。

研究表明,如果保健因素不能得到满足,往往会使员工产生不满情绪、消极怠工,甚至引起罢工等对抗行为。

激励因素——赫茨伯格从另外 1753 个案例的调查中发现,使员工感到非常满意的因素主要是工作富有成就感、工作本身带有挑战性、工作的成绩能够得到社会的认可,以及职务上的责任感和职业上能够得到发展和成长等。这些因素的满足,能够极大地激发员工的热情,对于员工的行为动机具有积极的促进作用,它常常是一个管理者调动员工积极性、提高劳动生产效率的好办法。研究表明,这类因素未得到满足,也会引起员工的不满,它虽无关大局,却能严重影响工作的效率。因此,赫茨伯格把这种因素称为激励因素。

赫茨伯格研究发现,在两种因素中如果把某些激励因素,如表扬和某些物质奖励等变成保健因素,或任意扩大保健因素,都会降低一个人在工作中获得的内在满足,引起内部动机的萎缩,从而导致个人工作积极性的降低。

在调动员工积极性方面,通常可以采用两种基本做法:

①直接满足,又称为工作任务以内的满足,它是一个人通过工作本身和工作过程中人与人的关系得到的满足。它能使员工学习到新的知识和技能,产生兴趣和热情,使员工具有荣誉感、责任心和成就感,可以使员工受到内在激励,产生极大的工作积极性。

②间接满足,又称为工作任务以外的满足,它不是从工作本身获得的,而是在工作以后获得的,如晋升、授衔、嘉奖或物质报酬和福利等。间接满足虽然也与员工所承担的工作有一定的联系,但它毕竟不是直接的,因而在调动员工积极性上往往有一定的局限性,常常会使员工感到与工作本身关系不大而满不在乎。研究者认为,这种满足虽然也能够显著地提高工作效率,但不容易持久,有时处理不好还

会产生负作用。

在实际工作中,借鉴这种理论来调动员工的积极性,不仅要充分注意保健因素,使员工不至于产生不满情绪;更要注意利用激励因素去激发员工的工作热情,使其努力工作。

双因素理论还可以用来指导我们的奖金发放。奖金应该与部门及个人的工作成绩相联系,不能只是"平均分配",否则时间一久,奖金就会变成保健因素,再多也起不了激励作用。

2.期望理论

期望理论是由美国心理学家维克托·弗鲁姆(Victor H. Vroom)于 1964 年首先提出的。弗鲁姆认为,人总是渴求满足一定的需要和达到一定的目标,需求目标反过来又可激发一个人的动机,而激发力量的大小取决于目标价值和期望概率(期望值)的乘积。

期望理论公式:激发力量=效价×期望值

激发力量是指活动本身在调动一个人的积极性、激发人的内部潜力去行动方面的强度,也是心理顾问所要针对的目标。

效价又称为目标价值,一方面指一个人对他所从事的工作或所要达到的目标评估的效用价值;另一方面也指达到该目标时所能满足的这个人的需要价值。对于同一个目标,由于人们的需要、兴趣和环境不同,对目标的效价往往也不同。例如,一个人希望晋升成为高管,那对他来讲这一目标价值就很高,同时达成该目标时他的个人需求层次会得到很高的满足;如果同一岗位上的人对成为高管毫无需求,那么这一目标对他来讲就毫无价值。

期望值也称为期望概率,是一个人根据过去的经验判断自己达到某种结果或实现某一目标的可能性大小。所以,过去的经验对一个人的行为有较大的影响,根据经验来判断行为所能导致的结果,或所能获得某种需要的概率,会直接对其内驱力的激发影响深远。

因此,用内驱力影响一个人的积极性,是因为"目标价值"的大小直接反映并影响一个人的需要和动机,从而影响一个人实现目标的情绪和努力程度。"期望概率"本身也直接影响一个人的行为动机和实现目标的信心。一个人把目标的价值看得越大,估计能实现的概率越高,那么激发的动机就越强烈,焕发的内部力量也就越大;相反,如果期望概率很低或目标价值过小,就会降低对人的激发力量。但如果经过一定努力仍不能达到目标,就会削弱人们的动机强度,甚至会使人完全放弃原来的目标而改变行为。

3.公平理论

公平理论最初是由美国心理学家亚当斯(J.Stacy Adams)于1967年提出的。该理论着重研究工资报酬分配的合理性、公平性对员工积极性的影响。人能否受到激励,不仅取决于他们得到了什么,还取决于他们看到别人(或以为别人)得到了什么。

公平理论模式:$Q_P/I_P = Q_0/I_0$

Q_P代表这个人所获得报酬的额度;I_P代表这个人认为自己付出的额度;Q_0代表这个人对某个作为比较对象的人所获得报酬的额度;I_0代表他对那个作为比较对象的人所作投入的额度。

在进行一番大规模比较后,全面地衡量自己的支出和收入。如果他们发现自己的支出和收入的比例相当时,就会心理平静,认为公平,于是心情舒畅,努力工作。相反,如果他们发现自己的支出和收入的比例不相当,特别是低于别人时,就会产生不公平感,甚至会有满腔的怨气。

这个公式表明:当一个人感到他所获得的结果与他投入的比值和作为比较对象的人的这项比值相等时,就有了公平的感觉;如果二者的比值不等,那就会产生不公平的感觉。

公平理论为组织管理者公平对待每一个员工提供了处理和应对的思路:

(1)不公平感影响工作的积极性

员工的公平感不仅对职工个体行为有直接影响,而且还将通过个体行为影响整个组织的积极性。在组织管理中,管理者要着力营造一种公平的氛围,如正确引导职工言论,减少因不正常的舆论传播而产生的消极情绪;关心照顾弱势群体,必要时可根据实际情况,秘密地单独发奖或给予补助等。

(2)管理必须遵循公平公正原则

组织管理者要平等地对待每一位员工,公正地处理每一件事情,避免因情感因素导致管理行为不公正。同时,也应注意,公平是相对的,是相对于比较对象的一种平衡,而不是平均。在分配问题上,必须坚持"效率优先,兼顾公平"的原则。

（3）报酬分配要利于激励机制

对员工报酬的分配要体现"多劳多得，质优多得，责重多得"的原则，坚持精神激励与物质激励相结合的办法。在物质报酬的分配上，应正确运用竞争机制的激励作用；在精神上，要采用关心、鼓励、表扬等方式，使职工体会自己受到了重视，自觉地将个人目标与组织目标整合一致。

二、心理效应及管理应用

心理效应是社会生活当中较常见的心理现象和规律，是某种人物或事物的行为或作用，引起其他人、物产生相应变化的因果反应或连锁反应。通过心理效应有助于管理者了解员工或企业中一些共通现象的产生原因，可以更快地找到解决问题的方法。

下面列举一些企业管理中常见的心理效应：

1.共生效应——企业文化的带动

自然界有这样一种现象：当一株植物单独生长时，显得矮小、单调，而与众多同类植物一起生长时，则根深叶茂、生机盎然。

将员工吸纳进同一组织中，企业文化的植入必不可少，增强员工的认同感，从而促进企业的发展。

2.刻板效应——拒绝以偏概全

刻板效应是指对某个群体产生一种固定的看法和评价，并对属于该群体的个人也给予这一看法和评价。

对员工的身份背景或能力固定而笼统的看法，会产生刻板印象，让人先入为主，以点概面，导致与岗位合适的人才失之交臂。

3.晕轮效应——固化员工定位

晕轮效应是指某人或某事由于其突出的特征给别人留下了深刻的印象，而忽视了其他的心理和行为品质。

在企业管理中，若不能发现员工的多方面能力，不但没有办法激发员工的工作热情，还会因为管理者的片面评价导致消极怠工。

4.鲇鱼效应——激发组织活力

当一个组织的工作达到较稳定的状态时,常常意味着员工工作积极性的降低,一个组织中,如果加入一位"鲇鱼式"的人物,对群体起到竞争作用,无疑会激活员工队伍,提高工作业绩,符合人才管理的运行机制。

5.罗森塔尔效应——释放员工潜力

大多数人都喜欢在他人身上找到存在感,得到赞扬。当管理者对下属投入感情、希望和特别的诱导时,下属往往能发挥自身的主动性和创造性,通过恰当的方式将期望合适地表达给员工并持续这样做时,员工的潜能就能不断被激发出来,释放出巨大的能力。

6.蝴蝶效应——及时发现危机

一只小小的蝴蝶在巴西上空振动翅膀,它煽动起来的小小旋涡与其他气流汇合,可能会在一个月后的美国得克萨斯州引起一场风暴。

员工的不满情绪、员工的抱怨、员工的离职等,都可能导致蝴蝶效应,引发危机并扩散。

7.巴纳姆效应——自我觉知的偏差

每个人都会很容易相信一个笼统的、一般性的人格描述特别适合他。人常常迷失自我,很容易受到周围信息的暗示,并把他人的言行作为自己行动的参照,员工因此产生的自我认识会降低其工作的效率。

8.破窗效应——及时修补企业影响

一个房子如果窗户破了,没有人去修补,隔不久其他窗户也会莫名其妙地被人打破。如果企业的规章制度不尽完善,或是由于个人导致企业产生负面影响,应及时进行危机干预,以防影响其他员工的稳定性。

9.名片效应——人际关系工作

很多工作需要各个部门的配合,而说服别人按照你的建议去做,只是向人们提出好建议是远远不够的。

职场交往中,如果首先表明自己与对方的态度和价值观相同,就会使对方感到你与他有更多的相似性,从而很快地缩小与你的心理距离,结成良好的人际关系。

10.酸葡萄心理——员工压力压抑

当人们认为自己对所面临的压力无能为力的时候,会采取一种"歪曲事实"的消极方法以达到"心理平衡"。

对于员工来说,在面对巨大心理压力的时候,这种酸葡萄心理或许可以避免出现极端行为,但久而久之也会因此产生根深蒂固的心理问题。

第四节　企业心理顾问的服务路径和专业思路

一、企业党务、行政部门：心理顾问助力党建、行政活动

党要管党、从严治党,是执政党鲜明认知的精髓体现。企业行政部门是企业的中枢神经系统,能有效推动和保证企业各大板块业务的顺利进行和相互之间的协调。

"根据近年来中央纪委和地方各级纪委查办案件的情况看,一些干部之所以违纪违法乃至成了腐败分子,一个重要因素是具有严重心理疾患。"中央纪委研究室研究员邵景均 2016 年曾在题为《心理健康应成为选任干部的重要标准》的文章中表达了上述观点。

不仅对行政干部是如此,针对以员工为主力军的企业主体来说,保证员工的心理健康,是企业发展的重要基础。

心理健康是一个人获得快乐、追求理想、成就事业的保障。事实表明,某些干部或员工具有心理问题甚至心理异常是客观存在的,必须敢于承认和正视这个问题。如果心理方面有问题,尤其是严重心理疾患问题,轻则损害个人健康和形象,给自身带来痛苦,重则有损于人际、工作与事业。多数心理问题可以通过及时的教育和辅导得到觉察、改进和修复,但也有些严重的心理疾患很难治愈。因此,正确

认识心理问题,注重保持心理健康,是党务行政部门需要关注的议题,特别在党建活动中尤为重要。

心理顾问服务在行政、党建活动中,将宣传推广、教育培训和个体服务等形式有效集合,可以帮助干部群体学习心理自我保健知识,明确认识心理健康的意义,了解和掌握产生心理障碍的原因及预防方法,以便作出正确选择,更好地接纳自己,保持身心健康。

二、企业工、妇、青部门:心理顾问助力全员幸福和谐

随着社会发展和时代的进步,工作和生活的关系也越来越紧密不可分割。工作已经不仅是挣钱的工具这一功能,员工更需要在工作中实现满足感和幸福感。快乐工作、幸福生活成为无数企业和个人共同追寻的目标。

所谓职业幸福感,是指主体在从事某一职业时基于需要得到满足、潜能得到发挥、力量得以增长所获得的持续快乐体验。对于企业而言,员工的职业幸福感指数将直接反映企业的管理能力。

工、妇、青(工会、妇联、共青团)作为党领导下的群众组织,作为联系群众的桥梁和纽带,可以紧紧围绕全公司工作大局,围绕自身联系服务的群体,在企业幸福感的建设中能更好发挥实现幸福和谐的作用。

工、妇、青部门可以在心理顾问服务的协助下,通过公益宣传活动、专家幸福大讲堂、现场一对一心理帮扶、心理健康测评等形式,在主题活动月、主题活动周、主题活动日、节假日、国家或公司重要纪念日等,开展幸福家庭、员工关爱、健康提升等系列活动。不仅可以通过活动更进一步了解基层情况、熟悉企业,也能了解员工,拉近群众的距离。

比如,在"三八妇女节",开展女性心理主题的活动,进一步提升对女性的关爱意识;在"五四青年节"组织青年系统活动,帮助年轻群体心理成长、成熟;在情人节、七夕节等针对年轻人的婚恋问题,开展两性知识讲座或举办联谊活动,切实解决年轻人的情感问题;"六一儿童节"开展亲子教育方面的活动;母亲节、父亲节、重阳节开展尊老、孝道方面的活动……当然还包括劳动节、国庆节、元旦、春节等国家传统节假日里所开展的各项福利活动,企业为员工举办的生日会、庆功会等,都可以结合心理元素发挥更好的激励作用。

三、企业人力资源部门：心理顾问助力选人、育人、用人、留人

人力资源部门的工作主要是通过招聘、甄选、培训、报酬等管理形式对组织内外相关人力资源进行有效运用，满足组织当前及未来发展的需要，保证组织目标实现与成员发展的最大化。

随着现代企业的精细化和专业化发展，企业对人力资源管理部门的要求也越来越高，使得人力资源管理在某些职能上进行分化，社会化介入也更加普及。

企业人力资源管理部门的某些职能，如培训开发、执行，高层职员的招聘选拔、员工管理能力的考核、人才诊断、人员素质测评等，往往需要较专业的专家和队伍参与，需要多种专门渠道，这是企业人力资源管理部门较难独立完成的，可以将这些职能有效分化，向社会化的专业管理咨询公司转移。当然，其中心理学肯定是不可或缺的部分，本章前几节内容也已在这方面作了大量阐述，这里就不再重复。

事实上，目前企业涉及人力的质量标准、检测体系、保证体系的系统工作，也基本都是由企业人力资源部门通过专业的宣传、培训、咨询、测评工作来完成的，而这其中不管是理论还是实践，都在大量运用心理学。从事 HR 这一职业应当或多或少具备心理学的知识和技能。

因此，专业心理顾问的介入，将会更加快捷、有力地协助人力资源管理部门推动人力资源工作和战略、技术、产品的实效联动，落实企业的战略和经营目标。

四、心理顾问在企业服务中的专业思路

心理顾问服务的性质在于协助性和心理性。不管通过何种途径和形式在企业中去应用，心理顾问的工作目的永远都是在为企业发展服务，是企业管理过程中的辅助手段，工作重点在于关注管理者、企业员工心理能力的全面提升。

1.在情绪上疏通

当人烦恼、忧郁、愤怒、苦闷时，尤其需要得到理解和疏导。因此，寻求能够理解自己的对象，把心里的苦闷宣泄出来，求得疏导和指点，是企业心理顾问工作的重点之一。

不管是培训、咨询，还是测评，由于专门的心理服务机构的专业人员多是心理

领域的专家或经验丰富的心理工作者,在心理顾问服务和指点上针对性强,效果明显;再加上专门机构或专业人员工作的保密性强,员工更容易建立信任联结,辅导效果更易显现。通过团体或一对一方式,倾听员工对当下工作的意见和建议,帮助企业了解工作满意度降低的根本原因,帮助员工充分宣泄内心情绪。

2.在观念上调整

每个人思维模式的形成都受个体所生活的环境、接受的教育等一系列因素的影响,认知模式一旦形成,就会影响这个人对世界的一些看法,包括在企业组织中对于工作、环境和人际的态度和看法等。

因此,企业心理顾问的另一项重点工作就是通过协助管理者或员工,改变对企业内人、事、物的不合理看法,减少绝对化、糟糕至极、以偏概全等偏差观念,以更平衡的心态和平静的心理投身工作。

3.在行为上改变

依据行为研究的理论,通过心理顾问的协助,可以有效使用环境的因素,创造及时的激励措施。在员工取得进步和成绩时,及时给予赞美和奖励;在消极行为结果出现时,及时解决面临的问题。也可以从心理契约的角度改变员工的行为,改善工作环境,调节工作氛围,定期进行员工行为考核等。

当然,心理顾问还要辅助公司的管理者,在平时观察员工的日常行为习惯,当员工长期的行为习惯与公司战略文化相抵触时,及时采取有效措施。

4.在人际上支持

人通常都是"当事者迷,旁观者清"。自己以为很棘手的事,或者很痛苦的经历,换一种视角即可迎刃而解,所以每个人都需要别人的帮助。去寻求帮助而不要封闭自己,在企业当中尤其表现在同事、上下级之间。在遇到困难、烦恼的时候去寻找企业心理顾问及团队的支持,获得融洽的职场人际关系,学会去体谅领导,并能够让领导也理解自己的问题。

即便某些员工在职场人际上到了最薄弱的阶段,心理顾问本身也会成为当事人的一种特殊人际支持者。

5.在体制上优化

除了在发现员工心理问题后采取应对措施外,企业心理顾问还应当协同管理者在企业政策制订中加入心理发展的规划,提前预防员工心理问题的产生,防患于未然。

从资源论角度来看,在员工入职之初要对其加强企业培训,通过调动员工的内部资源,从认知基础上改变员工的反应,包括减少期望、重新解释工作意义,培养组织承诺感、积极的问题解决导向等。在企业发展过程中,还应不定期采取措施平衡工作、生活、休息时间,发展减压放松的团队建设活动,减少员工工作负荷,缓解角色冲突。

从平衡论角度来看,员工内在最大的冲突来自投入的努力和获得的奖酬之间的不平衡感。在投入方面,有效优化工作时间,提供放松、娱乐机会等是很好的保健措施。在奖酬方面,不仅需保证公平的物质性奖酬,还要注重提供非物质性奖酬,更要注重赏罚薪酬制度的落实。

从需求论角度来看,企业若能满足员工的高层次需求,则可以很好地减少员工心理上的不满,其中保护员工自尊是较敏感的成分。可以考虑建立机制的方式,定期倾听员工心声,并及时反馈和提供社会支持,让员工认识到自己工作角色的重要性,获得自尊感的满足,从而提高员工的工作积极性。

从匹配论角度来看,人和工作的不匹配容易造成员工的工作挫败感。通过心理测评等手段辅助,评估员工与岗位需求的匹配度;培训员工学会时间管理、目标管理、习惯管理等,在能力、时间和精力之间找到最优的平衡点;进行工作再设计和任务分配时,提高员工的价值观和任务特征匹配度,有助于增加员工的组织承诺,降低离职率。

❓ 思考题

1.心理顾问在企业中的服务对象有哪几类?

2.以企业组织为服务对象,心理顾问具体应用在哪些方面?

3.与员工管理有关的个体差异有哪些表现?

4.企业高管岗位胜任力的具体心理素质有哪些?

5.心理顾问在企业服务中常见的服务形式有哪些?

6.企业心理顾问服务三级体系的内容与功能有哪些?

7.企业中常见的个体咨询主要有哪些方面的问题?

8.企业心理危机干预该如何实施?

9.列举企业中常用的心理测评类型和量表。

10.如何有效地推广和宣传企业心理顾问服务?

11.心理顾问服务中常见的激励理论有哪些?

12.赫茨伯格的双因素理论中双因素是指什么?

13.阐述弗鲁姆的期望理论?

14.亚当斯的公平理论在企业中应如何应用?

15.什么是罗森塔尔效应?

16.简述巴纳姆效应及管理应用。

17.简述破窗效应及其管理应用。

18.心理顾问在企业中的服务路径有哪些?

19.工、妇、青部门该如何设计心理服务?

20.简述企业心理顾问的专业服务思路。

本章参考文献

[1] 罗宾斯.组织行为学[M].李原,孙健敏,译.北京:中国人民大学出版社,2008.

[2] 张西超.员工帮助计划[M].北京:中国人民大学出版社,2015.

[3] 俞文钊.管理心理学(简编)[M].大连:东北财经大学出版社,2004 年.

第八章
心理顾问在社区中的应用

第一节　社区心理健康服务与心理顾问

一、社区与社区心理健康服务

1.社区的定义

社区是人们赖以生存的生活家园和精神家园,是每一个人日常生活息息相关的基本场所,也是相互联系、有某些共同特征的人群共同居住的一定区域。

社区有很多种定义,更多学者认为社区是"居住生活在某一地区的人们,结成多种社会关系和社会群体,从事多种社会活动所构成的社会区域共同体"。社区还是社会与个体的中介平台,它承接诸多社会职能,并直接服务于个体,个体的人际关系网络和社会交往主要都在社区内进行。社区是个体心理问题发生、发展的初级环境,也是心理健康维护和心理疾患防治的基本单位。社区生活对人的心理发展有着重要影响。

2.社区心理健康服务

社区心理健康服务,是指在社区服务工作中,运用心理学的理论、方法来帮助社区居民提高心理健康水平,促进其身心和谐发展的心理健康服务。

(1)开展社区心理健康服务的必要性

当前我国正处于全面建成小康社会的关键时期,社会竞争日趋激烈,社会问题和社会矛盾多发,导致个人和社会生活中的应激源迅速增加,也给人们带来了前所未有的生存压力和心理困扰,个体焦虑较为普遍,各种心理障碍和精神疾病大幅度增加,社会心理因素导致的健康风险对人们生活的影响越来越大,由此引发的社会问题也日益突出。有效的社区心理服务有助于提高居民的社会发展适应能力及心理疾病防疫能力,帮助社区居民维持心理平衡、改善心理健康,更好地适应和应对日益复杂的社会经济环境,并有助于形成良好的社区心理氛围,促进社区和谐发展。

（2）目前国内社区心理健康服务现状

在西方发达国家,社区心理健康服务普遍受到重视。成熟的社区都会配有专业的社会工作者和心理咨询师,每1 000人就有1名心理咨询师。我国社区心理健康服务工作起步较晚,当前还处在探索发展阶段。社区心理健康服务人员严重不足,社区心理健康服务体系仍处空白,尚缺乏具体的指导方案。同时,由于公众对心理健康服务的意识还不强,且受到资金、具体政策等条件的限制,社区心理健康服务开展起来并不容易,大多还是以政府主导的公益性服务为主,服务对象相对较为单一,通常更多关注有心理问题的人群,以解决问题为导向;服务形式和内容还不够丰富,主要以心理咨询和辅导、心理健康知识宣传等方式为主;服务内容和形式还缺乏系统性、深入性、创新性、多样性等;工作人员专业化、规范化程度还很不够。多项调查显示我国各省市社区居民对社区心理健康服务都有着比较迫切的需求。但目前公众对心理疾患的知晓度还很低,普遍缺乏精神卫生相关知识,社区不同年龄段居民的心理健康问题日益突出,社区危机心理问题亟须关注,心理问题对居民健康以及社区和谐发展的影响不容忽视。

二、社区心理顾问及其特点

1.社区心理顾问

由于现有社区心理健康服务尚难以满足社区居民对心理健康服务的需求,为社区居民提供一种更可及、更专业,以及个性化、私密性的心理服务的必要性逐渐显现,只有得到更多社区居民的信任和青睐,社区心理健康服务的效果和持续性才可能得以保障。

社区心理顾问,本质上从事的仍是社区心理健康服务工作。也就是经过系统培训及考核并取得相应资质,在社区中以心理顾问的名义,运用心理科学的理论与心理咨询和治疗的技术,向社区里有心理服务需求的居民开展心理健康评估、教育、咨询、辅导以及干预等一系列心理健康服务工作的心理专业人员。

2.社区心理服务的特点

（1）服务对象主要是健康人群

不同于传统的社区心理健康服务更关注那些数量较少的、显著的或中重度心理疾病患者的筛查和预警,仅以出现心理问题、心理障碍者为主要服务对象;社区心理顾问的服务对象主要为社区内大多数心理和精神无明显异常的健康群体,更关注的是普通居民常见的、轻微的、隐性的心理问题和心理诉求以及社区居民生活中的实际问题。

(2)服务内容主要为发展性问题

目前,我国社区心理健康服务主要以心理问题类服务为主,个体成长类的心理发展性服务还比较少见。社区心理顾问更强调系统地预防和解决心理问题,发展性问题是社区心理顾问更主要的服务内容。社区心理顾问关注的不仅仅是服务对象当前的问题,还要考虑个体下一阶段发展任务的衔接,帮助不同年龄阶段的个体尽可能圆满地完成各自的心理发展课题,妥善地解决心理矛盾,因此不同于传统心理咨询师以短程咨询、问题解决即结束咨访关系,社区心理顾问提供的是针对个体发展的目标——"更好地认识自己和社会,开发潜能,促进个性的发展和人格的完善"的相对更长期的心理健康服务。

(3)服务形式强调个体化

不同于传统社区心理健康工作主要针对整个社区普遍性地开展心理健康教育工作;考虑不同阶层、年龄阶段的居民对心理健康的理解或观念有着显著性差异,并且人的不同时期也会有不同层面的心理需求,心理顾问在社区更多的是针对特定服务对象开展个性化的心理健康服务。服务形式相对更为灵活,不仅仅是局限于咨询谈话的方式,还可以与服务对象共同参与活动、陪伴服务对象经历人生中的大事件、重大转折时刻以及针对服务对象的具体情况和需要组织开展心理健康主题活动、团体活动等。

第二节 社区心理顾问的服务内容、原则、目标及工作流程

一、社区心理顾问的服务内容

社区心理顾问服务的对象是社区居民,根据社区居民不同的心理健康状态及服务需求大致可以划分为以下三类目标群体:

第一类:心理和精神无明显异常的健康群体,这是社区心理顾问服务的主要目

标人群。

　　第二类：社区内需要特殊关注的群体，如老年人、残疾人、慢性病患者、外来务工人员等。

　　第三类：遭遇重大生活事件的群体，如离婚、丧偶、亲人死亡、遭受暴力袭击等事件以及需要危机干预者。

　　心理顾问对社区居民可以进行预防、治疗和发展性三个方面的心理帮助和指导，以解决社区居民的心理问题，维护其心理健康。由于人生的各个阶段都有不同的心理健康服务需求，社区心理顾问需依据社区居民的年龄、层次开展差异性、针对性的服务。

　　相关调研结果表明：家庭教育与亲子关系、个人焦虑、抑郁等不良情绪控制，以及家人健康、子女教育、工作压力应对是社区居民较为关注的心理健康服务内容。同时，人际关系、婚恋和情感、家庭成员冲突、个人身心问题、独居老人心理慰藉、社会和环境适应、精神疾病预防、危机干预、物质依赖等也是需求较多的服务内容。

　　此外，心理顾问还可以充分利用社区的资源，配合所在社区，以项目的形式开展不同内容的心理辅导，如针对社区内"失独家庭""养老机构高龄老人""困难家庭儿童""罕见病及重症疾病患者""残疾人""刑释解教人员及社区矫正人员""社区工作者"等特定人群开展相应的心理健康服务。

　　由于我国社区心理健康服务刚起步，现有社区心理健康服务大多以政府主导、公益性为主，这种模式在现阶段对广泛普及心理健康知识、提高民众心理健康水平极为重要。但由于服务资源有限，还很难兼顾全体社区居民的心理需求。心理顾问的服务可与政府主导的公益性服务形成互补，为社区对心理服务有更高需求的居民提供一种选择。

　　社区心理顾问一般以有偿服务为主，付费主体可以是单位、机构或者个人。这种形式既可增进服务对象对心理顾问服务的参与度和重视度，对社区心理顾问的专业性以及服务水平也提出了更高的要求。考虑到社区的特点，心理顾问如果能在社区主动开展社区居民喜闻乐见的多种形式的公益性服务活动，对其在社区更广泛更深入地开展工作将有极大的促进作用。

　　社区心理顾问的服务主要以面对面谈话形式为主，也可采用视频、微信等形式开展心理服务工作。

二、社区心理顾问的服务原则

心理顾问主要针对社区心理服务对象发展方面的问题或适应方面的困难开展心理服务工作。与心理咨询相同的是,心理顾问需与服务对象建立良好咨访关系,以帮助、指导、启发服务对象发现并利用其潜在的积极因素,处理和解决自己的问题或困难,从而促进自身人格的积极发展为目的。

社区心理顾问的服务原则主要有以下四个:

1.尊重个体的多样性

每个人都是独一无二的,有着独特的外貌、个性、兴趣爱好、精神信仰等,都在用自己的方式诠释着独特的生命价值。因此,即使生活在同一社区,居民的心理诉求也往往呈现多元化、多样化、分散化的特征。心理顾问应充分尊重社区居民的个体独特性及文化多样性,在为居民提供心理健康服务时要尝试理解居民不同的文化和价值取向,针对不同情况和不同个体,提供差异性的优质服务。

2.助人自助

助人自助是心理顾问的基本原则,也是促进个体发展与成长的需要。心理顾问不能代替居民解决其心理行为问题,适度的挫折与磨砺也是促进个体人格成长的重要因素。只有引导居民助人自助,协助他们学会处理问题的方法,并促使他们内化成自己的人生技能,才能给个体的生活与适应提供更加确实的心理资源。

3.预防为主

心理顾问不能停留在对问题的被动应对上,不能过分注重一时一地一事的过于突出的显著效果,预防为主是心理顾问服务的原则之一。心理服务过程中要注重居民个体的优势与能力发展,以促进服务对象增进心理防御力、发展和提高心理应对能力从而达到预防心理问题、心理障碍发生的目的。

4.社区为本

人的任何心理活动都是在一定的环境中产生的,居民生活在复杂的社会环境中,影响居民心理健康的因素也是多种多样的。心理顾问在为社区居民开展心理健康服务时,不能不考虑社区的特点以及服务对象的日常生活状态。服务内容应尽可能贴近居民的日常生活,表达时要用服务对象能理解的方式,尽量去理论化,避免过于抽象、难以理解,同时也不能忽视服务对象所在社区文化、环境、公共信息等,要尽可能积极利用社区资源开展工作。

三、社区心理顾问的服务目标及工作流程

1.社区心理顾问的服务目标

社区心理顾问的总体目标是帮助居民减轻心理压力,有效应对心理困扰,尽可能从源头上消除引起居民不良心理状态的各种因素、预防心理障碍的产生与发展,帮助居民发展心理自助能力,促进其提升心理自我调节与适应能力,改善居民的生活状态,提高他们的生活质量,增进幸福感。

基于发展性的角度来看,社区心理顾问对社区心理服务对象开展心理服务工作的具体服务目标主要有以下几个方面:

(1)增进个体自我认知

自我认知是个体对自我的洞察和理解。认识自我,实事求是地评价自己,是自我调节和人格完善的重要前提。研究发现对自己有正确的认识,并由衷欣赏自己的个体将较少受到外界不良事件的影响。自我认知度高的人,会更自信、更有安全感,对未来的规划和定位也会更清晰,也更容易与他人建立良好的人际关系。

个体在成长过程中,是在不断构建自我意识、不断发展自我认知的,但受制于个人的视角、知识、经验以及欲望、目标等因素影响,自我认知难免会出现偏差,影响心理健康。如过高或过低地评价自己都会引发心理困扰等。

心理顾问可以通过以下几个方面帮助社区心理服务对象增进自我认知:

①帮助服务对象探索自我、了解自我。例如,利用一些人格测验、职业能力测验等加深服务对象对自我的能力、兴趣、价值观的认识,通过自我表露、他人回馈、评价等进一步了解自我,不断深化对自身所处的周围环境的认知;帮助服务对象学会自我觉察(觉察自己身体、情绪、行为、人际方面的变化等)等。

②帮助服务对象接纳自我。每个人都不是完美的,接受自己的全部,正视自己的优点和不足,有助于更好地理解自己、理解他人。心理顾问可以给予服务对象积极的肯定和支持,帮助其接纳自我,同时还可以引导服务对象学会比较,如少一些

横向对比,多一些纵向对比,少和他人比,多和自己比,重新认识曾经的自己,学会用欣赏的眼光去看自己的变化等。

③鼓励服务对象参与社会活动、勇于尝试新的挑战。积极参与社区活动、做力所能及的公益活动等有助于促进个体提升自我价值、增进自我认知。另外,心理顾问还可以鼓励服务对象勇于尝试新的挑战,积极发挥自己的潜能。

(2)提高情绪调节能力

情绪是个体需要是否得到满足的主观体验,是一个人内心世界的反映,也是心理健康的窗口。情绪调节是每个人管理和改变自己或他人情绪的过程。稳定而积极的情绪状态使人心情开朗、思路开阔,有利于身心健康。长期处于不良情绪状态中,会导致心理障碍,甚至产生身心疾病。善于协调与控制情绪,保持个人情绪稳定是心理健康的标准之一。

心理顾问可以通过以下几个方面帮助社区心理服务对象提高情绪调节能力:

①帮助服务对象学会识别自己和他人的情绪。识别自己的情绪也是自我觉察的内容之一,学会识别并理解自己的情绪非常重要。心理顾问要帮助服务对象学会当自己某种情绪刚一出现时便能够察觉,同时帮助服务对象增进同理心,能够体会别人的情绪和处境。

②帮助服务对象学会调节自己的情绪。心理顾问可以帮助服务对象改变对情绪事件的理解或意义的认识,学会以积极的方式对情绪事件进行合理化解释,学会理性认知。例如,尽可能减少他人的话语、行为对自己的影响;不要总是追求完美,允许自己会犯错、会有不足;对于已经发生的事情停止懊恼、悔恨;更多关注于当下等。

③帮助服务对象学会释放和表达自己的情绪。情绪其实并没有好坏之分,合适地表达自己的情绪才是关键。心理顾问可以帮助社区心理服务对象学会一些理性释放和表达情绪的方式,如向亲朋好友倾诉、适当地哭一场、痛快地喊一喊、进行体育运动、用文字的形式写下自己的感受等。另外,通过绘画、音乐等艺术创作的形式也有助于释放和表达情绪。此外,心理顾问还可以帮助服务对象找到一些自己内心最有兴趣、最有意愿的事去做,教他们学会放松、转移注意力、积极的自我暗示等方法来缓解情绪。

(3)提升心理应对能力

应对能力是个体以最小代价解决问题的能力,主要是指个体知觉、认知、情绪和行为的适应性。应对能力作为个体的心理资源,影响个体对情境的调适能力,能调节生活中负性事件对个体的影响,与心理健康水平密切相关。

日常生活中,压力不可避免,但事实上,压力本身并不是问题,应对压力的能力和方式才是问题。

心理顾问可以通过以下几个方面帮助社区心理服务对象增进心理应对能力:

①保持健康的身体状态。健康的体魄有助于稳定情绪、应对压力。心理顾问要帮助服务对象意识到身体健康的重要性,鼓励其改变不健康的生活方式,如吸烟、缺乏锻炼、高脂肪饮食等,培养健康的生活方式,适当运动、劳逸结合。

②帮助社区心理服务对象改变对应激的错误认知。个体的思想和观念决定其感情和行为,心理顾问如能帮助心理服务对象学习更多的建设性思想,改变对应激的错误认知,形成乐观性的解释风格将有助于服务对象提升心理应对能力。

③帮助社区心理服务对象学会一些有效的应对技能。例如学会拒绝、学会表达、勇于说出自己的想法、学会建设性的批评、尽可能多做令自己感到愉快的事、学会有效处理冲突、避免争执等。

(4)改善人际关系

人际关系是人们在精神及物质交往过程中发生、发展及建立起来的人与人之间的关系,表现为人们之间思想及行为的互动过程。人际关系对每个人都极其重要,曾有心理学家提出"个人的生命是不完整的,只有透过与其他人的共存才能尽其意义。没有他人,个人的身体本色就失去意义"。研究表明,人际关系因素与心理健康及身体疾病有着密切的关联。从心理学领域积累起来的知识看,几乎所有的人际关系因素,都可以通过心理学的帮助来得到改善,个体在整个人际关系体验上的心理处境的改善可以显著提高其整体心理健康水平。因此,心理顾问需要做的一项重要工作就是帮助服务对象提高人际技能、进一步改善人际关系。

具体可从以下几个方面帮助社区心理服务对象改善人际关系:

①帮助服务对象正确认识自己。心理顾问要引导心理服务对象对自己有客观正确的认识,既不妄自菲薄,也不狂妄自大,这样才有可能理性地对待他人。同时,健康的人际关系是建立在价值平等的基础上的,自我的不断成长和完善是建立良好人际关系的要点之一。心理顾问可以鼓励心理服务对象不断进步、不断完善自己,以此来改善自己的人际关系。

②帮助服务对象学会正确对待他人。例如,引导服务对象学会换位思考、宽以

待人、善于欣赏他人、能够肯定交往者的自我价值、学会尊重他人、与他人取长补短等。

③帮助服务对象学会一些人际交往的技能。例如，主动与他人交往，学会倾听、乐于分享及自我表露，在力所能及的情况下乐于帮助他人，避免直接指责或争论、学会拒绝、理性处理分歧、适时向他人求助等。

（5）获得更多社会支持

社会支持是社会各方面为个体提供的精神上和物质上的支持，是影响个体健康的一个关键资源。社会支持的来源是多方面的，如父母、配偶、恋人、其他亲戚、朋友、工作伙伴、社交团体，甚至自己喜欢的宠物。当前，社会支持对居民心理健康的有益影响已得到了广泛承认。社会支持不仅对维持日常状态下的良好情绪具有重要意义，对面临危机、处于应激状态下的个体能提供及时的缓冲和保护，帮助困境中的个体共同渡过难关。通常，有社会支持的人认为自己是被关心和爱护的，是受尊敬和重视的，而且是有价值的。研究表明具有良好社会支持的个体会有比较高的主观幸福感、生活满意度、积极情感和较低的消极情绪，也较少出现心理不健康状态。

在中国文化中，人们都非常重视家庭的和睦与良好的人际关系。当个体在生活或工作中承受压力或遭遇挫折时，大多数都会选择向亲人或朋友倾诉。积极与外界联系也能够带给个体充实感和价值感，也能考验个体对外界的影响力。

社区心理顾问应充分重视社会支持对个体心理健康的影响，努力在服务中帮助服务对象获得更多的社会支持。

①改变观念。生活中常有不少人，明明能得到他人的支持却执意拒绝。要知道人与人的支持是一个相互作用的过程，一个人在支持别人的同时，也为获得别人的支持打下了基础。虽然接受他人的社会支持可能会令个体产生依赖、出现内疚等消极情感，也有可能会影响个体自尊，但更多的研究证实，提供支持对给予者和接受者的身心健康都是有利的。因此心理顾问要引导服务对象意识到这一点，在生活中乐于帮助他人，同时自己需要时也不要拒绝他人的帮助。

②重视家庭支持。温馨和谐的家庭氛围是很多人向往的，因为它能使人心情舒畅，增加幸福感。健康的心理和积极生活状态，离不开家庭的支持。心理顾问可以指导服务对象与家庭成员之间彼此尊重、互相信任、善于妥协、容许差异，努力营造和谐良好的家庭氛围。

③建立情感上可以陪伴的社会支持网络。心理顾问要鼓励服务对象积极地建立自己情感上可以陪伴的社会支持网络。例如,鼓励他真诚待人、乐于分享自己的喜怒哀乐、勇于自我表露、培养积极的生活态度……这些都有助于在情感上与他人建立联结。

2.社区心理顾问的工作流程

心理顾问在社区可以通过广场宣传、入户走访、个体访谈、咨询服务、团体辅导、成长平台搭建等,搭建起沟通桥梁,逐步与社区有心理服务需求的居民建立起服务关系。在开展心理服务工作中,要努力营造安全的氛围,获得干预其心理问题的机会与可能,找到帮助他们复原与成长的资源和路径,对于已超出心理顾问服务范畴的心理障碍患者应及时转介到医疗机构就诊。

（1）初次访谈

社区心理顾问需要了解被服务社区居民的基本情况,初步确定是否符合心理顾问的服务范围,以及自己是否有能力协助被服务者解决问题,以确定是否继续开展心理服务工作。如果不属于心理顾问的服务范围,或者不是自己所擅长的领域,心理顾问应建议服务对象前往其他相应机构或医疗卫生机构咨询或治疗。

（2）心理评估

初次访谈后,对于符合心理顾问服务范畴的社区对象,心理顾问应在2周内对其开展心理服务工作。此时,需要对其心理需求或心理困扰等相关方面情况作一个更全面的了解,结合与其本人的谈话或身边密切接触人员提供的信息、心理顾问的观察、心理测评等对服务对象的心理状态及其困扰的原因作出基本的分析和判断。

（3）明确目标,制订计划

双方共同确定心理服务目标,根据服务对象的心理需求,可以分别制订近期、中期、远期的服务目标,心理顾问与求助者协商心理服务的时间、频率、周期、费用等问题,与其达成一致。如果能够达成一致,就进入心理服务阶段。如果不能达成一致,就另行协商或者终止。

（4）实施心理服务

心理顾问对社区居民开展的心理服务的方式相对灵活,主要形式是心理咨询谈话,主要使用的技术也与心理咨询基本相同,服务中也可根据服务对象的需求,实施个性化的服务。

（5）服务结束

在心理服务目标达成或服务对象不愿意继续接受心理服务时，心理顾问对其的工作即告结束。结束时，心理顾问与服务对象一起对此次心理服务效果进行总结和评估。

第三节　针对社区特殊群体的心理顾问工作

一、社区老年人

1.社区老年人心理状况概述

我国现阶段已经步入老龄化社会，而且老年人人数还有不断上升的趋势。目前，在社区中老年人口占有很大比例。与发达国家相比，目前国内的心理健康体系还很不完善，我国老年人心理健康知识普及比年轻人更加滞后，同时因身体机能的衰退以及生活环境的变化等，老年人更容易出现心理问题。调查显示，目前我国老年人中70%存在心理障碍，其中抑郁心理占27%，老年抑郁已成为影响老年人健康的第二大杀手，65岁以上的老年人自杀者占自杀总人数的19%。社区老年人常见的心理问题主要表现为孤独、焦虑和抑郁等消极情绪体验。失落感、无助感、无能感在老年人中也很常见。这些都会严重影响社区老年人的生活质量。社会调查数据表明，老年人在得到社会物质援助的同时，需要更多的心理和精神关注。如何帮助老年人关注自我需求，保持健康心态，提高社区老人的总体幸福感，也是社区心理顾问的任务之一。

2.开展心理顾问服务的要点

（1）为老年服务对象提供心灵慰藉

对老年人来说，随着子女成人成家独立生活以及退休赋闲，心理上的孤独感会与日俱增。但因为兴趣爱好、性格个性、知识水平、价值观念、经济状况等差异，真正能够在一起心灵相聚,相互理解、相互认同、相互支持,帮助消除内心孤独的人并不多。社区心理顾问可以把重点放在陪伴关心上,充分了解老年人的生活经历和家庭背景,尊重老年人的自主权,积极调动老年人的内在资源,通过定期的咨询谈话、耐心倾听、积极共情,给予老年人心灵上的安慰,缓解其心理上的失落感。

(2)引导老年服务对象正确认识生理上的变化

老年人随着机体方面的衰退,身体各个系统和器官会逐渐发生器质性和机能性变化,这会令他们产生焦虑等负性情绪,继而影响身心健康。心理顾问要帮助老年人正确认识生理上的变化,要知道人总有老去的时候,衰老是不可抗拒的自然规律。引导老年人承认规律,在尊重规律的基础上坦然面对,顺其自然,理性看待生命。另外,帮助社区老年服务对象摆脱死亡的恐惧、更好地面对死亡,对其心理健康和生活品质也有十分重要的影响。

(3)帮助老年服务对象增加积极的心理体验

老年人作为一个特殊群体,不但需要面对躯体功能下降,还会面临社会角色改变、经济收入降低、社会地位下降,疾病甚至配偶离世等带来的消极情绪。因此,帮助老年服务对象增加积极的心理体验有助于缓解情绪压力,改善心理健康。

心理顾问可以引导老年心理服务对象用更开阔的视角看待过去失败的经历,帮助他回顾过往生活中最重要、最难忘的时间和时刻,重新体验快乐、成就等有利于身心健康的积极情绪。

鼓励老年心理服务对象多与外界接触、扩大交往面,积极参与社会生活,根据自己的兴趣爱好、生活需求、个人能力等积极参与可以充分实现其自身价值的有偿或无偿的工作或志愿工作中。这样既能帮助老年服务对象改善孤独失落的情绪,还有助于他们获得价值观和成就感。

另外,帮助老年服务对象培养良好的生活习惯、规律的生活和合理的作息时间,根据自己的身体条件,有选择、有规律地进行适度运动,也有助于增加积极的心理体验。

(4)鼓励老年服务对象学习新知识

新的知识有助于老年人对生活时刻保持新鲜感,还能丰富其精神生活,延缓大脑衰老。心理顾问可鼓励老年服务对象主动学习新知识,保持和年轻一代共同成长的态度,不断丰富自己的精神生活,引导老年服务对象调整和拓宽自己的生活圈,增加生活乐趣,帮他合理安排利用空闲时间,真正做到老有所乐、老有所学、老有所为。

(5)保持老年服务对象家庭和睦

随着现代家庭结构的变化,独生子女等现实性问题,老人从家庭中获得充分精神滋养已经很难,但受传统思想的影响,家庭仍然是老人获得心灵能量和支持的首选场域。良好的家庭氛围需要家庭成员用心营造。心理顾问可引导老年服务对象宽容对待家庭成员间的分歧、理智处事,不感情用事,在日常生活中妥善处理好自己与配偶、子女、孙辈之间的关系,与家人保持和睦、良好的关系,以促进自己身心健康。

二、社区残疾人

1.社区残疾人心理状况概述

残疾人是典型的社会弱势群体,根据 2006 年我国残疾人第二次抽样调查,我国目前各类残疾人总数达 8 296 万,占总人口的 6.05%,关系到 2 亿以上的家庭人口,是社区人口中不容忽视的群体。残疾人因为其成长过程中的种种原因,生理方面的缺陷、生活方面的不便、受教育程度普遍偏低等,比健全人面临更多的社会压力,在经济、就业、情感等方面承受了更多的社会偏见,在社交中更容易受到冷落和歧视。与健全人相比,残疾人的心理承受能力较为脆弱,更容易产生各种心理问题。很多调查显示,社区残疾人整体心理健康水平较常人低,尤以敌对、强迫、偏执为重。残疾人的心理特征主要表现为强烈的自卑感、孤独感、焦虑与抑郁情绪,并在认知行为上有异常表现。人格测试显示,残疾人常有自我中心、固执性、缺乏自控、容易冲动、挫折承受力较低、易受他人暗示等人格特征。

残疾人的生活空间主要在社区,残疾人的康复需求不仅是生理上的,更多是心理上,他们渴望融入社会,渴望被社会接受。对残疾人开展心理健康服务,对促进其康复、提高其生活质量有着重要的意义。目前,社会对残疾人群体的关注程度还远远不够,残疾人心理健康干预工作尚处于起步阶段。

研究显示,残疾人对心理服务的需求主要体现在以下三个方面:就业方面(主要是经济收入、职业选择、事业发展等);婚姻家庭方面(对配偶的情感需求、家庭生活改善的需求);社会交往方面(被人认可、尊重的心理需求与人交往等)。了解残疾人的心理情绪特点以及主要的心理需求,有助于心理顾问对残疾人中有心理服务需求的对象提供心理服务,帮助残疾心理服务对象掌握一定的心理调适方法,解决切实困惑、促进身心健康。

2.心理顾问开展服务工作的要点

(1)提供残疾服务对象情感支持

由于残疾造成的学习、生活、社会交往的障碍以及缺乏有效交流的平台等,残疾人大多处于封闭孤独的自我世界中,社区心理顾问可以运用心理咨询的方法,耐心倾听、积极共情,深入了解残疾服务对象的内心感受与需求,为残疾服务对象提供充分的情感支持,引导其自由表达与沟通,帮助他们释放压抑的情绪,缓解心理紧张与冲突,消除孤独感和自卑感。

(2)帮助残疾服务对象增强自信

由于身体缺陷的存在以及康复困难的事实,残疾人大多对当前自身情况的认同度较低,对自身能力的评价相对较低,但内心里他们比健全人更渴望得到尊重、认可和自我价值的实现。心理顾问可以从以下几方面帮助残疾服务对象增强自信:

①引导残疾服务对象正确认识和积极接纳自我、多关注自身的积极优势,学会积极的自我暗示,如"我能够做到""我可以的"等。

②协助残疾服务对象进行归因训练,帮助他们对积极事件做自我能力归因,以提升自尊水平。

③引导残疾服务对象扬长避短,鼓励他们主动加入社区管理和志愿服务的行列,为社区居民提供力所能及的服务,通过助人,重新找到自己的社会定位,发挥潜能、感受到自己的价值。

④努力调动残疾服务对象自身的积极因素,鼓励其参加各种活动,如学习各种职业技能、绘画娱乐、积极参加力所能及的体育活动及体育运动等,这些都有助于增强其自信心和自我认同感。

(3)改变残疾服务对象消极的认知模式

由于社会文化背景的差异,残疾人对自身躯体病残常会出现非理性思维,如认为病残导致"自己这辈子就已经完了"、习惯于放大日常生活中遇到的困难等。心理顾问要帮助残疾心理服务对象改变消极的认知模式,挑战其不合理的思维与方式,使之学会理性思维,学会积极的思维方式,正视残疾给自己带来的病痛和烦恼,同时接纳现实,学会自我心理调适,并逐渐从残疾中寻求生命的意义。

(4)鼓励残疾服务对象主动与他人交往

残疾人的社会交往和人际关系直接影响着他们的社会活动和生活质量。由于身体残疾的原因,他们通常沟通交流的对象较少,同时在面对他人的支持、帮助时,残疾人可能会因为自尊、封闭、偏执等原因拒绝接受。心理顾问应鼓励残疾服务对象打破自我封闭的状态,在不断提高理解自我、理解他人的能力的基础上,鼓励服务对象试着与有相同经历或状况的人一起交流,促进残疾人和正常人对彼此的认识、沟通和理解,并逐渐乐于与他人交往。

(5)培养残疾服务对象乐观的生活态度

身体的残疾已难以改变,但个人良好的意志品质、面对挫折和困境积极的心理状态,对残疾人的生活质量影响很大。心理顾问应努力帮助服务对象培养乐观的生活态度,善于从生活中发现对自己有利的因素,并帮助他积极认同社会的变化发展,勇于争取自身的平等以及合法的权益,有效利用社区及相关资源等。

(6)残疾服务对象婚姻、情感方面辅导

恋爱和婚姻对大部分残疾人而言是一个相当困难的问题,这种困难使他们中很多人失去享受幸福生活的可能,生活上的孤单、情感上的空虚以及心理上的困扰会带来一系列心理问题,部分残疾人还存在对配偶的不信任感、依赖感等。心理顾问要关注残疾服务对象在这些方面的心理需求,针对其具体情况开展婚恋辅导、沟通训练等,帮助残疾服务对象有效处理情感困扰,提升与家庭成员的沟通质量,缓解其消极情绪。

三、社区慢性病患者

1.社区慢性病患者心理状况概述

慢性病全称是慢性非传染性疾病,主要指以心脑血管疾病(高血压、冠心病、脑卒中等)、糖尿病、恶性肿瘤、慢性阻塞性肺部疾病(慢性支气管炎、肺气肿等)、精神异常和精神病等为代表的一组疾病。慢性病不是特指某种疾病而是这一组疾病的概括性总称。这类疾病通常只能控制临床症状,延缓疾病进展,并不能彻底地治愈,具有病程长、病因复杂、健康损害等特点,给患者身体带来痛苦的同时也给其心理带来负面影响。研究显示,慢性病患者心理健康状况较健康人差,主要表现为躯体化、焦虑、恐怖、抑郁、偏执等。

随着生活节奏的加快,工作性质和模式的改变,人际关系的疏远,不良生活方式所引发的和心理因素相关的慢性疾病发病率显著增高。近年来,我国慢性病人群迅速增长,慢性病已成为威胁人们健康和生命的主要疾病之一。

2.心理顾问对社区慢性病服务对象开展心理服务工作的要点

由于心理因素对疾病的发生、发展、转归具有重大影响,心理顾问应深入了解慢性病服务对象的心理特征,针对性地开展心理健康服务工作。

(1)帮助社区慢性病服务对象正确认识自己所患疾病

慢性病患者的生理和心理状态往往受对疾病知识的认识和态度的影响,心理顾问如能针对性地用服务对象可以理解的语言进行相关医学知识和心理学知识的宣传和教育,使其对所患疾病的发生、性质、预后、严重程度有一定认识,则能有效提高社区慢性病服务对象的心理承受能力,减少焦虑情绪。

(2)帮助社区慢性病服务对象理性看待自我

慢性病是需要终身治疗的疾病,不但需要长期治疗,可能还会经常住院。研究表明,疾病会导致人的生理、心理适应能力的一系列改变,不可避免会导致负性自我概念的产生,造成患者自信心不足、自我效能感下降等,还可能会出现非理性认知,影响其维持健康和康复的能力。心理顾问应努力帮助慢性病服务对象改变非理性思维,通过积极的自我暗示,参加力所能及的活动等多种方式提高自我效能感,使其学会以积极的方式理性看待自我。

(3)帮助社区慢性病服务对象保持情绪稳定

经历漫长的病程,慢性病患者的心理活动也较为复杂,敏感多疑、情绪不稳定,容易出现焦虑、恐惧、抑郁等。良好的心理状态有助于病情的稳定,延缓病情进展,促进身心健康的同时还能提高个体的生活质量。心理顾问要帮助慢性病服务对象意识到良好稳定的情绪状态对疾病康复、转归的重要性,教会他掌握一些情绪管理的方法,让他学会识别自己的情绪、有效管理自己的情绪,减少抑郁等消极情绪的发生。

四、外来务工人员

1.社区外来务工人员心理状况概述

外来务工人员是当今社会中的一个特殊群体,有关资料显示 2011 年全国进城务工人员总量为 2.53 亿人,而 2013 年达到 2.69 亿人。外来务工人员通常在生活上游离于城市主体人群之外,经济收入低、闲暇时间少、活动内容方式较单调、对城市文明的适应性差。他们在工作环境、经济条件、社会地位、子女教育等方面都处于劣势,在适应城市的过程中可能会有较大心理压力,容易产生诸多心理健康问题。研究显示,城市外来务工人员心理健康整体水平低于全国常模。调查显示,81.5%的外来务工人员希望得到心理健康服务,仅 5%的外来务工人员真正寻求过心理健康服务。外来务工人员的心理健康状态需要得到更多关注。

2.心理顾问对社区外来务工服务对象开展心理服务工作的要点

(1)帮助外来务工服务对象正确地自我定位

期望与现实之间存在差距,加之认知和生活背景等因素的影响,容易导致他们出现自我效能感下降等心理失调的状态。心理顾问要帮助此类心理服务对象客观地看待自己、自己的工作以及周边环境与他人,对自我作出正确的定位,对未来作出更切合实际的期待。

(2)帮助外来务工服务对象改变非理性认知

他们可能在生活和工作中比常人存在更多的困惑,在面对不利环境及生活中的困难时常会出现以偏概全、绝对化等非理性认知,影响情绪和身心健康。心理顾问要帮助此类心理服务对象改变这些错误的认知,帮助他学会理性思考,不感情用事等。

(3)帮助外来务工服务对象学会有效应对压力

城市外来务工人员都想更好地融入所在城市,但是自身在认知水平、社会资源、资本积累等方面的情况不允许他们按照自己的想法来生活,在遇到困难挫折或不利处境时常会采取逃避、幻想、发泄等消极的应对方式,以致自身处境更被动。心理顾问可以从情绪管理、认知调整、鼓励积极有效的行动等方面帮助服务对象学会有效应对压力,从而也有助于提升其在城市的适应能力。

（4）鼓励外来务工服务对象加强学习、提升自我

城市高速发展带来的竞争和变化对外来务工人员自身能力的要求不断提高，同时他们在满足了最基本的生存需求之后也有更高层次的需求，如他们自我发展、精神层面的需要等。心理顾问要鼓励服务对象加强学习、努力提高自身的文化素质水平，获得新的知识技能，以此充实、丰富自己，同时也有助于缓解其对未来焦虑的情绪。

（5）鼓励外来务工服务对象努力拓展交际圈，不断增强自身的沟通交往能力

外来务工人员的人际交往大多停留在亲缘关系上，与周围人的深度沟通交流很少，与城市当地居民形成一定程度的隔离，这通常让他们感到缺乏理解与支持，感到失落、孤寂。心理顾问要帮助服务对象增强自身的沟通交往能力，鼓励他自信地与当地居民交往、主动与邻里、工作上的同事建立良好的关系，这样既能获取更多的社会支持、还能更好地融入所在社区。

（6）帮助外来务工服务对象培养健康的生活方式

由于文化素质不高、经济收入较低、健康意识不够以及配偶长期分居、生活压力等因素影响，不少外来务工人员存在不健康的生活方式，如吸烟、酗酒、饮食不规律、不良性行为等，对自身健康危害极大。而健康的身体状况对心理健康有促进作用。心理顾问要引导服务对象认识到不良生活方式对其身心健康的危害，激发改变的动机，帮助他们培养健康的生活方式。

（7）帮助外来务工服务对象有效利用周边资源

尽管各大城市提供各种公共服务，但是外来务工人员对社区资源的实际利用率并不高。心理顾问可为服务对象提供社区有关资源信息，如各种公共服务、法律援助、技能培训等信息；鼓励他有效地利用周边资源并善于发现身边可利用的各种资源。这样既能为服务对象的生活提供便利，还有助于提升其社区感，增进对社区的归属感，缓解消极情绪。

❓ 思考题

1.什么是社区？

2.什么是社区心理健康服务？

3.目前我国社区心理健康服务的局限主要有哪些？

4.社区心理顾问的特点是什么？

5.社区心理顾问的服务对象有哪些?

6.社区心理顾问的工作原则主要有哪些?

7.社区心理顾问服务的总体目标是什么? 具体工作目标是什么?

8.如何帮助服务对象增进自我认知?

9.改善人际关系可以从哪些方面做起?

10.什么是社会支持? 对个体的心理健康有何意义?

11.社区心理顾问具体工作流程有哪些?

12.心理顾问如何对社区老年人开展心理服务工作? 帮助老年服务对象增加积极的心理体验有哪些方法?

13.社区残疾人的心理特点主要有哪些?

14.心理顾问该如何针对社区残疾人开展心理服务工作?

15.什么是慢性病?

16.心理顾问该如何针对社区慢性病人开展心理服务工作?

17.心理顾问该如何针对社区外来务工人员开展心理服务工作?

本章参考文献

[1] 黄希庭.社区心理学研究(第一卷)[M].广州:暨南大学出版社,2015.

[2] 黄希庭.社区心理学研究(第二卷)[M].北京:社会科学文献出版社,2016.

[3] 赵敏,杨凤池.中国社区心理疾病防治——心理健康促进理论与实践[M].上海:上海交通大学出版社,2013.

[4] 杨凤池.社区心理卫生工作者指导手册[M].北京:中央广播电视大学出版社,2014.

[5] 刘视湘.社区心理学[M].北京:开明出版社,2013.

[6] 刘义林.社区心理援助师[M].北京:军事医学科学出版社,2015.

第九章
心理顾问在婚恋家庭中的应用

第一节 心理顾问在婚恋家庭中的服务模式

一、婚恋家庭中心理顾问服务的必要性

很多人都感慨：按理说自己事业有成、驰骋职场，充满对外在的掌控，为什么面对婚姻家庭却无可奈何、束手无策；顺其自然的男大当婚、女大当嫁，充满对爱的渴望，为什么孤独、无奈，难以找到意中伴侣；梦寐以求的彼此深爱、百年好合，充满对相守的承诺，为什么慌乱、担忧，苦不知如何把婚姻进行到底；真心实意的望子成龙、爱女心切，充满对孩子的呵护，为什么疲于付出，但教育的结果却事与愿违，甚至亲子反目……

为自我而迷茫，为单身而烦恼，为相爱而惆怅，为婚姻而苦楚，为孩子而辛酸，争吵、冲突、外遇、离婚、再婚、家暴、孩子难养、亲子疏离、情绪难控……彼此深爱却互相折磨，舐犊情深却反目成仇，事业有成却苦不堪言。

在婚恋家庭的模式中，因为形成的是一种更加"稳固"的亲密或亲情关系，人们潜意识里更确定会获得对方的包容，不会随意抛弃自己、伤害自己，所以在对方面前往往更容易"回归真实"甚至是"肆无忌惮"，也继而导致彼此相爱的双方却在感情道路上互相折磨，这似乎也成为对亲密、亲情关系的一种验证方式。再加上，社会发展导致竞争越来越激烈，压力也越来越大，"快文化"占据了我们生活的每一个角落。虽然日常生活不再为柴米油盐的贫乏而苦恼，却也因为拥挤于饭店、景区，购物于海外、网络等忙忙碌碌，没有得到更多的快乐，反而更容易体会各种空虚、压抑、辛劳和迷茫。

在这样的独特时空里，我们的情绪何处宣泄？我们的心理何以慰藉？亲近的关系何以修复？思维的偏差何以调整？不当的行为何以纠察？

现代人教育水平和见识维度都很高，尤其在精神追求上超越以往任何时候，也必然会更注重对自我内心的探索。而这种心灵之旅不单是生命的某一刻、某一阶段，更是一种长期的被懂得、被尊重、被接纳、被认可的诉求。所以，具有专业性、保密性的心理服务，特别是个性化、即时性的顾问式贴心服务将会成为婚恋家庭这一"私有化"领地的必然之选。

二、婚恋家庭中心理顾问的服务对象和内容

不管是服务于恋爱、婚姻、亲子等家庭大系统中的哪个方面,谈及服务对象,我们通常想到的是那些大龄的青年、吵架的夫妻、婚内婚外的情人、不争气的孩子等,如此我们已经把对象个体化或局限化了,为了更好地澄清这些在婚恋家庭领域的服务对象,这里先探讨一下家庭系统的研究。

家庭系统(family system)是经验家庭治疗首先提出来的重要概念。家庭是一个稳定的系统,其成员交互作用时所产生的有形和无形的规则构成了比较稳定的家庭结构,也在成员间形成特定的交往模式。而 20 世纪 40 年代产生的大系统论指出,一个系统可以是由小系统组成的,也可以是大系统的一部分。该理论也扩展了对家庭系统的理解:家庭内部更小的单元——某种特别的情感关联,或是相同的性别,或是有共同的兴趣和实现某种共同功能的联合体,可以被看作是家庭系统下的亚系统;与此同时,家庭系统又是一个开放的系统,会不断与家庭外系统发生交互作用。

家庭作为一个系统、一个整体,可以是家庭内成员之间和亚系统之间不断发生交互作用,也可以与家庭外系统进行主动的交互性联系和脱离。同一个实体既可以被看作是系统也可以被看作是亚系统。

这里提到的存在于家庭内的亚系统主要有父母、父子和母子等,最持久的通常是指那些属于同一代的亚系统,如配偶、父母、手足之间,其中夫妻亚系统是家庭基础,会影响整个家庭的功能结构。具体来讲,家庭中有以下几种主要的亚系统:

(1)夫妻亚系统

家庭一经形成,就会出现夫妻亚系统。夫妻亚系统的主要任务是互补和相互适应,主要功能是相互支持,为对方提供安全和依赖。

(2)父母亚系统

父母亚系统是随着第一个孩子的出生而出现的。父母亚系统必须形成这样的界限——即孩子可以接近父母,但又不能干扰夫妻亚系统的功能。随着孩子的成长,父母亚系统会面临不同的问题,因此父母亚系统也必须适当调整以适应出现的若干问题。

(3)亲子亚系统

在第一个孩子出生后,也就有了父母—子女亚系统,即亲子亚系统。亲子亚系统面临许多的发展任务,如面对孩子和养育孩子,孩子如何与父母相互作用,既学

会服从权威,同时又要维持自己的良性自主发展,维护自己的利益和观点等。

(4)同胞亚系统

当第二个孩子出生时,会出现这一系统,同胞亚系统是儿童学习、实践同伴关系的第一个场所。在这个亚系统下,他们可以在互动中学会支持、合作、保护和抗争、反击以及协调。

家庭系统的理论让婚恋家庭心理服务的对象有了更清晰的外延,也使得服务内容更显整体性和立体感。

1.以家庭系统中某个个体为对象的心理服务

人一生之中无论处于顺境还是逆境,不同年龄阶段都有特定的心理困扰和问题:儿童期安全感建立的问题,多动、沉默、自闭、攻击或退缩等行为障碍问题。少年期因为教养不良或被家长、教师等错误对待导致的自卑、焦虑、厌学、学校恐惧症、问题行为等。青春期叛逆、自我认识与自我评价问题,挫折耐受能力问题,早恋与性的困惑问题等。青年期社会适应问题、职场压力问题、婚恋问题等;中年期因个性发展不完善、能力欠缺、事业平平、家庭变故等导致的系列问题。老年期因心理年龄和生理年龄个体差异大,以及人生中成就感全方位的失落、孤寡缺少陪伴等引发的问题等。

有效的心理顾问服务,可以起到对情感、认知和行为多方面的理解、支持和陪伴,在解释、引导等技术的应用下发挥关键作用。

2.以家庭亚系统为对象的心理服务

在实际的心理服务过程中,有一种现象非常普遍:某人预约心理顾问服务,说是因为孩子有了某种心理问题而寻求帮助;或者说,某人受不了老公/老婆对自己态度多么地恶劣而前来协调……但往往通过几次心理服务后发现,问题性质截然变了样,很多是因为家长教养方式不当导致了孩子的问题,或是因为双方的互动模式不妥导致了老婆/老公的今日疯狂……

这种情况屡见不鲜,中国有句俗话叫"一个巴掌拍不响",关系模式本就取决于互动的影响作用。所以,针对夫妻、情侣、父子、母子等亚系统内的对象,在最低限度里开展关系取向的真实、现场性辅导,如两性沟通的管理、情绪冲突的化解、离婚分手辅导、亲子关系的优化等,能更加保障心理服务的有效性,促进问题的快速化解。

3.以家庭大系统为对象的心理服务

家庭是一个大系统,母子问题又岂会仅存于母子之间,父亲当然难逃关联;夫妻冲突又怎能止战于夫妻之间,长辈岂会袖手旁观;更不用说隔代教养、代际差异、婆媳冲突……因此以整个家庭为对象的顾问式心理服务,能更好地从因到果、从局部到整体,有系统、有结构地调整家庭模式,改变家庭内所存在的心理困扰。

总之,为两性、婚姻、家庭、亲子等开展各项心理管理服务,适用于包括当事人在内的多层级家庭成员的心理保健、关系优化、心理援助、突发危机等。

三、婚恋家庭中心理顾问的服务形式

1.普及性集中同修式

从小到大我们经历过无数的考试和学习,获得过各式各样的证书和资格,各种凭证上岗筛查要求严格,然而,唯独在同人生幸福最相关的三件事上我们无证上岗、违章经营,甚至说没有经过任何的专门学习,那就是恋爱、婚姻和养孩子。

恋爱的年龄越来越小,还不知道爱情是怎么回事就已经成了别人的男朋友/女朋友,甚至偷吃了禁果。还不懂恋爱到底在谈什么的时候,就和对方签订了一份一生之中最重要的"合同",一签就是一辈子。自己心理上都还没长大,更别提做好充足准备,莫名其妙地就为人父母了。

在婚恋家庭的领域里,有多少人真正了解过自己是谁? 自己喜欢什么样的人? 谈恋爱该谈些什么、恋些什么? 双方结合未来可能会遇到什么问题? 怎么化解婚姻的冲突? 什么样的感情是最舒适的? 怎么提升婚姻的品质? 孩子现阶段的心理是怎样的? 如何教养孩子? ……

婚恋家庭中的问题多数属于普及性质的,是每一个对感情品质有追求、对幸福和谐有需要的人都必须了解和掌握的,因此可以在恋爱前、婚姻前、生育前参加短期集中学习,同修某类科目,从而减少遇到问题时和发生问题后的弥补式学习。

2.情境性短期预约式

就像谁都难以保证不感冒发烧一样,在婚恋家庭的领域里很难不遇到阶段性问题,当然也很难保证每一次都能无药自愈! 吵架了、失恋了、背叛了、离婚了……

情境性的问题需要及时的、有针对的、短期易见效的问题解决方式。同时在当事人因时间、经济、空间、接受程度等条件的限制无法预约长期服务,也可以采用短期预约的形式。

此类形式一般可以面向单独个体、情侣、夫妻或整个家庭,当事人需要提前预约时间和心理顾问,如约到指定的服务场所进行或通过面谈或借助电话、网络等进行远程服务。

3.长期性年度顾问式

针对婚恋家庭的心理服务是个很复杂的过程,不是简单地解决某一表层的婚恋、亲子问题等。有婚姻专家曾说过"几乎所有的婚姻问题都和人的人格品质有关,相对健康的婚姻家庭关系往往是夫妻双方都有较好的性格特点或较健康的人格品质,出现问题的婚姻往往是夫妻双方至少一方在个性或人格的某些方面存在这样或那样的不足或问题,这些问题直接或间接地影响了他们的婚姻关系和家庭关系"。这不得不让我们思考,想要更长久的妥善处理好家庭关系,解决相关心理冲突,就需要深入了解婚姻问题的症结、性质和成因。

除了涉及人格问题外,亲密关系的特殊性也是主要原因。对于亲密关系,人们经常用"爱恨纠缠"来形容,说的就是它的复杂多变性:这一刻的你下定决心再也不对孩子乱发脾气,下一刻的你却失控不已破口大骂。在身边时,你对双方都信心满满;几天不见,你的敏感、多疑一股脑占据主导。经人指导后,你仿佛恍然大悟、一片通透,过一段时间你又走进泥潭、一头雾水……

亲密关系不同于一般的人际关系,由于更亲近的紧密联系,对彼此投注的期待就会更多,更容易在爱与失望中、在乎和压抑中徘徊。当事人并非是自己思想上不明白、行动上不清楚,而是感性和理性不停斗争,一直处在变化和动摇中。这样的情形下,走出困境最需要的就是心理顾问的长期支持、陪伴、监督、提醒和引导。想走出婚外感情的阴霾、想改变对孩子的态度、想调整自己的情绪状态等,每一个重大的情感、婚姻、家庭、亲子的纠缠点都会让你一不小心就成了迷途的羔羊。

所以,用年度制的方式进行的长期顾问式服务,量"心"定制,形式灵活,更贴心、更即时,帮助更有系统性和深入性,是高品位、有层次人士的极佳选择。

4.阶段性家庭进驻式

家庭进驻式心理顾问服务,是指心理顾问以个人或团队形式,进驻到服务对象的家庭生活中去,前期通过现场的观察和体验,搜集被服务对象问题现状的一手资料,并做好记录;在实施服务方案期间参与到家庭系统中,亲自指导相关当事人的情绪、认知和行为调整,直至出现预期效果并巩固强化。

家庭进驻式服务的优点是真实、高效、及时、精准,但因为需要进驻当事人家庭或具体环境中去,耗时耗力,所以往往以阶段性服务为主,并且考虑到场地条件、费用等,若非较高层次群体,难以实地落实。

第二节　婚恋家庭心理顾问服务的理论基础

婚恋家庭方面的心理服务起源于 20 世纪 40 年代末 50 年代初欧美发达国家的婚姻辅导和家庭治疗,现在已形成独立的理论体系,是继精神分析、认知行为以及人本主义心理服务之后的"第四势力"心理派系。

一、系统式家庭治疗理论

20 世纪 40 年代末,系统式家庭治疗理论由鲍恩(Bowen)首先提出,因此也被称为 Bowen 理论。鲍恩的家庭理论是从精神分析理论的实践中演变而来的,把系统理论作为一种思维方式,强调家庭的情绪系统及其发展史,对家庭治疗有着极为重要的贡献,该理论提出的多个术语也成为家庭治疗的启蒙性观念。鲍恩的理论最重要的观点是——障碍性的家庭交往模式是可以代代相传的,因此他提出了八个重要概念:

1.自我分化

自我分化是鲍恩理论的核心,既是个人内部又是人际间的概念。它用于理解家庭的亲密度。"自我分化"的核心是一个人与父母的关系,一个健康的人能够不断地与父母进行情绪上的分离。他指出,家庭若在感情上非常亲密地"黏在一起",那么家庭的需要与其成员单独的需要就难以区分,即家庭成员不能自我分化。

2.三角关系

家庭中如果两个人之间关系紧张,他们会把第三个人牵扯进来以稀释这种紧张的焦虑,这叫三角关系。三角关系产生的根本原因是情绪系统产生的焦虑。当两个人之间出现不能处理的问题时,通常是因为在某一点上难以达成一致。最后一方或者双方都为寻求其他人的同情迫使第三方卷入冲突,要么试图解决问题,要么偏袒某一方。

3.核心家庭情绪系统

核心家庭情绪系统是指个体在婚姻选择和其他重要关系中倾向于重复他们在原生家庭中学到的熟悉模式,并把相似的模式传递给他们的孩子。婚姻中的每一方都有自己特定的分化水平,鲍恩认为人们通常选择和他们分化水平相似的配偶。婚姻双方分化水平越高,情感的融合就越低,关系就越可能被那些积极的成分所强化;而分化水平越低,配偶双方对彼此的情感需求就越多,结果由于双方的需求和恐惧过于强烈,使关系逐步恶化。核心家庭情绪系统这一概念反映的是家庭中一再出现的情感融合对个人一生的影响。

4.家庭投射过程

家庭投射过程是指父母将自己的不成熟与缺乏分化的状态投射到子女身上,从而影响孩子的自我分化过程。父母通常倾向于选择他们所有孩子中最为幼稚、对父母情感依赖最强或者与父母情感接触最多的孩子作为他们关注的客体,而不管他在家庭中的出生顺序。这种投射过程取决于下列两个因素:父母的分化水平以及家庭所承受的压力。鲍恩认为,代际投射过程在所有家庭都或多或少地发生,受家庭投射过程影响较少的子女则能发展出良好的自我分化。

5.情感隔离

在每一代中,家庭融合程度越高的孩子,自我分化水平越低,受到的压力就越高,反之亦然。当个体接受太多压力时,他们试图和家庭分离,这就是情感隔离。一般来说焦虑水平越高,情绪依赖性越强,儿童就越容易产生情感隔离。

6.代际传递

鲍恩家庭治疗不仅关注现在的家庭,还关注他们的祖辈。代际传递说明了焦虑从一代到下一代的长期传递过程。

7.同胞兄弟姐妹的地位

孩子在兄弟姐妹中排序的位置可能导致他发展出某些特定的人格特征,因为出生顺序常常预定了他在家庭系统内特定的角色和功能。家庭中的长子女通常较其他孩子更具有责任感,并由于时常要作出决定而具有一定的权力和权威。最小的孩子则常扮演被保护的对象,因而易形成较强的依赖性格。而处于中间的孩子既没有权力也得不到娇惯,往往感到不受重视而容易形成低自尊的人格。

8.社会退化

鲍恩在关注家庭内部关系的同时,还注意到了外部社会环境对家庭的影响。一个人在社会中的情感历程如同一个大的背景环境,会影响其在家庭中的情感历程,从而影响所有家庭成员。社会性的情感历程概念形容的是日益增长的社会焦虑,社会压力大时就会带来社区内的高犯罪率。此外,鲍恩还将性别、阶级与种族歧视视为不愉快的社会情感历程。

二、结构式家庭治疗理论

结构式家庭治疗发端于 20 世纪 60 年代,是由萨尔瓦多·米纽钦(Salvador Minuchin)创建的,治疗的原则是重建家庭结构,改变相应的规则,并将家庭系统僵化的、模糊的界限变得清晰并具有渗透性,设法改变导致持续性家庭问题或症状的家庭互动模式。此流派以简洁和实用两大特点,在 20 世纪 70—80 年代称雄于整个家庭治疗界,成为家庭治疗学派中影响最深远、应用最广泛的一支,其基本理论概念包括:

1.情景

情景是指事情发生的环境及其相互作用之间错综复杂的联系。结构取向观点认为个人的症状必须在家庭互动模式的情景中才能真正了解。家庭治疗往往以情景为焦点,强调环境与个人互动中的相互影响,而非个人的内在动力。

2.家庭系统及亚系统(本章第一节已述,这里不再叙述)

3.家庭结构

家庭结构是指家庭中能够影响家庭成员相互交往的功能性结构。一旦结构建立就决定了人际交往。家庭作为一个系统单位,它的整体功能运行如何,常常取决于其结构的正常或健康与否。因此,家庭结构是结构式家庭治疗理论体系中的核心概念,属于重中之重。家庭结构有一套无形的或隐蔽的功能性需求代码,用以整合和组织家庭成员间的彼此互动方式。

4.家庭界限

家庭里的界限是指个体、子系统或系统同外部环境分开的无形的边界线,是一种情感的屏障和距离。界限规定了家庭成员之间、子系统之间、家庭与外界环境之间的空间距离,用来决定谁是内部成员,谁是编外人员,谁能加入以及怎样加入的规则。因此,界限维持所有家庭子系统的相互依赖的同时,也有助于保证每个子系统的自主性,是维系家庭中个体或团体完整性的重要条件。

5.联盟和权力

所谓联盟是指一些家庭成员联合起来对抗第三方的结盟。也就是说,它是一种对抗性的结盟。家庭成员之所以结盟是因为彼此间的情感或心理联结所致,就是界限在起作用。彼此界限较为松散的家庭成员则容易以结盟反对与他们界限僵化的成员。结盟有的是临时性的,有的则长期存在。权力涉及每个家庭成员对家庭成员和家庭事务的影响力和控制力。在家庭系统中,家庭成员之间的权力大小是有差别的,权力源于家庭成员的地位,也受制于家庭成员间的结盟。

三、策略式家庭治疗理论

策略式家庭治疗是 20 世纪 80 年代由海利和其前妻玛德丽共同创立的家庭治疗模式,策略治疗的目标是解决当前问题,并把焦点放在行为的改变上,希望能阻止不良适应行为的重复发生。

策略式家庭治疗派最深远的影响来自米尔顿·艾瑞克森(Milton Erickson),他是引导策略式家庭心理治疗的天才,尽管这一影响是在他去世后才产生的。曾做过催眠师的艾瑞克森相信人们可以快速改变的,所以他尽量使疗程变短。他发展出的指示保留症状等技术也在催眠心理学领域应用,可以把阻抗变为优势,以反其道而行之的办法巧妙地在意识与潜意识之间架起桥梁,使求助者在无意中改变过去的行为和困扰。

艾瑞克森的才能得到了广泛的赞美和模仿,然而非常遗憾的是很多治疗者都没能掌握可预见的治疗原理。策略式治疗对来访者的强烈控制,从独特的思维角度出发,表现出鲜明的创造性和操作性,同时策略的出现会掩盖抵抗并且会激发家庭改变。20 世纪 90 年代处于主流地位的治疗方法提升了认知心理学的地位,使认知的地位超出了行为,这样的变革使策略式治疗逐渐淡出了人们的视线。

四、经验性家庭治疗理论

经验性家庭治疗发端于心理学中的人本主义思潮,受表达性治疗的启发,强调及时的、此时此地经验的作用,还从格式塔治疗和会心团体中借用了唤起技术,如角色扮演和情感对质。其他的表达性治疗方法,如雕刻和家庭绘画,对心理剧产生了深刻的影响。

在经验性家庭治疗的流派中,出现了两位巨匠,分别是卡尔·韦特格(Carl Whitaker)和维吉尼亚·萨提亚(Virginia Satir)。韦特格首次把心理治疗运用于家庭中,倡导自由的、直觉的方法,打破伪装,解放自我,使每个家庭成员回归真我。萨提亚是家庭治疗理论发展的关键人物之一。她相信一种健康的家庭生活包括开放、共同分享感情、感受和爱。

经验性家庭治疗认为家庭问题的产生原因和影响结果是情感的压力,如果家庭成员最初能了解他们真实的感受——恐惧、焦虑、愤怒、抑郁、期待和渴望等,那么在家庭尝试一些积极的改变会更成功。因此经验性家庭治疗从内部入手，帮助个人表达他们真诚的情感，缔造更加真实的家庭纽带。

五、家庭的生命周期理论

在婚恋家庭心理服务领域里，除了以上四个主要的家庭治疗理论作为心理顾问服务的强大基础外，特别值得学习和了解的还有家庭的生命周期理论。

家庭的生命周期理论开始于20世纪30年代，最早由希尔和汉森提出，是以出生、成长过程、衰老、生病和死亡反映一个家庭从形成到解体循环运动的过程。

一般把家庭生命周期划分为形成、扩展、稳定、收缩、空巢与解体6个阶段。6个阶段的起始与结束，以相应人口事件发生时丈夫/妻子的均值年龄或中值年龄来表示，各段的时间长度为结束与起始均值或中值年龄之差。

1.离家，孤身的年轻人

接受自我在情感上和经济上的责任。自我与原生家庭的分离；发展同龄人之间的亲密关系；在工作和经济独立方面确定自我。

2.通过婚姻的家庭联合

新夫妇对新系统的承诺。婚姻关系的建立；与延伸家庭、朋友重新组合人际关系，以接纳新的夫妻关系。

3.有年幼孩子的家庭

接受新成员进入家庭。调整婚姻关系，为孩子留出空间；共同承担孩子的养育任务、赚钱和家务劳动；与延伸家庭的重新调整关系，以及容纳父母和祖父母的角色。

4.有青春期孩子的家庭

增加家庭界限的灵活性，以容许孩子的独立，接纳祖父母的衰老；调整亲子关系，使青春期孩子能够自由进出家庭系统；重新聚焦在中年的婚姻和职业问题上；开始照顾老一代人。

5.孩子离家生活

接纳家庭系统大量的分离和加入。重新审视二人世界的婚姻系统;在成年子女和父母之间发展成年人对成年人的关系;调整关系,吸纳子女的配偶、孙辈及婚亲的角色;处理父母的衰老和死亡。

6.生命晚期的家庭

接纳代际角色的变化。面对生理上的衰老,维持自己以及伴侣的功能和兴趣;为扮演更为核心的中年一代提供支持;在系统中为年长一代的智慧和经验留出空间,支持年长一代,但不包办代替;应对配偶、兄弟姐妹和其他同伴的丧失,为自己的死亡做准备。

在生命周期的阶段之间,转折与过渡是最容易产生家庭关系变化、家庭关系紧张和家庭成员焦虑的主要时期,也是决定家庭成员成长与发展的主要因素,由一个家庭发展阶段的脉络,可以使专业工作者更加了解一个家庭一般的行为形态,以及这个家庭面对危机时可能出现的反应,这种转折点正为家庭社会工作者提供了关注和介入家庭的时机。

第三节　婚恋情感中常见心理问题及顾问指导

一、婚恋情感中常见六大心理问题

感情是世界上很复杂的现象之一,不管从恋爱到结婚,还是婚姻相处多年,所发生的常见问题无外乎六大类,如果这六类问题化解了,遇到其他问题都会游刃有余。婚恋情感中常见的六大心理问题如下所述:

1.观念冲突

个体内在对自己、对他人还有对事物的思维想法都会影响其情绪和行为。如果两个人观念差异较大,在婚恋中最明显的表现就是缺乏共同的目标,只去追求自己的目标而不顾及对方感受。既会宏观到对善恶美丑的衡量标准的不同,也会具体到对衣食住行的方式、金钱的看法和使用、对待家人朋友的方式上等。

男女在恋爱期都会把自己好的一面展示给对方,婚后夫妻生活开始,激情已逝,你要跟那个真实的他/她相处,矛盾很快就会产生,一时间你会发现双方在很多问题上都不能相容进而滋生抱怨,长此以往,爱也变成了恨。所以,观念冲突成为婚恋关系的第一杀手!

2.沟通不畅

从不出现矛盾的交流是不存在的,没有人可以准确无误地理解另一个人的言行,即便再和睦的感情也存在永远无解的问题。矛盾是不可避免的,存在问题本身不是问题,不能有效地沟通才是问题的关键。很多婚恋问题都可以通过沟通解决,但现实生活中沟通不畅的现象随处可见,冷战、争吵、谩骂、指责、打岔、认死理……好的沟通需要尽量避免成为负面情绪的发泄,想当然地认为他/她理解或明白,更不要在沟通中去大玩权力游戏,一决雌雄只争输赢。

3.性格不合

性格的呈现通过每个人习惯化了的行为方式,恋人、伴侣多以"性格不合"而分手、离婚。比如,一方控制欲太强,一方不喜欢依赖,或者一方付出太多,另一方根本不付出;再比如说,一个女人生活习惯讲究,爱干净整洁,但偏偏男人乱丢衣服、袜子,总是把家里弄得乱七八糟……哪怕只是挤牙膏方式的不同,看似只是鸡毛蒜皮的小事情,久而久之也会引发关系信任系列危机。

4.信任危机

信任是婚姻关系得以持续、健康发展的基础。作为独立的个体,每个人都有自己的思想和情感,婚姻是两个独立的个体建立起的一种共生关系,因此,就需要彼此之间相互信任。不过,亲密关系中的不信任很多与自身安全感不足有着巨大的关联,看似对老公、男朋友的怀疑和不信任,其实是对自己过往或对父亲曾经背叛家庭的恐惧投射。

5.吸引力消减

这个问题或许要一分为二地看待:一是对方原来有吸引力的东西消失了;二是

原来吸引你的东西不再能够吸引你了。随着岁月的流逝,无论怎样美丽的外貌都一定会改变、消失,但是持久的吸引力不是仅存于外在和性,把注意力移到现实生活中这个人的其他方面,可以是他身上的某个闪光点,也可以是两人努力建立起来的新兴趣。但现实中往往是因为某种失望而去更加关注对方的缺点。

6.第三者问题

第三者问题,是个敏感的话题,这不仅出现在婚姻中,也表现为恋爱中的劈腿。按理说,不该直接归为同一类问题,因为通常情况下第三者是关系出现裂缝之后的产物,但这类现象的频发程度却让社会尤为关注。

这个话题对男人和女人的意义是不一样的。男人的性和情可以分开,就算没有感情基础也可以发生性关系,只是为了满足性需求。而女人的性和情是连在一起的,男人出轨对女人来说就意味着情感的伤害。明白男女之间不同的心理需求,才能减少对自己的伤害,而非失去感情还失去了全然的自信。

第三者是社会的产物,也是夫妻生活不和谐的附属。当婚姻出现第三者时,一定要冷静,大吵大闹只能让婚姻走向分崩离析的边缘。理智交流找出彼此感情出现的问题,明白对方找第三者的动机,也要从自己身上找原因,无言的挽救比失智的中伤好得多。

二、婚恋情感中心理问题的根本成因

恋爱和婚姻都是两个人的事,所以婚恋情感中容易发生的这些心理问题,究其根本也是因差异而生。

1.个体差异

先天基因和特质的不同,后天成长和经历的塑造,致使每个人都和别人有着不一样的个性心理差异。在婚恋情感中,爱人双方对感情本身和对方都有期望,希望对方改变成自己所希望的模式,但是我们忽略了这一切对对方来说却是无比陌生。没有人愿意去改变最熟悉也在当下最获益的性格习惯,所谓的"为你好",才是对情感伴侣双重控制的表现。

2.性别差异

研究发现,男性与女性在大脑结构和通路上存在诸多差异,甚至在使用大脑的方式上也不同。男性大脑中的灰质大约是女性大脑的 6.5 倍,女性大脑中的白质却是男性的 10 倍。男性喜欢运用灰质思考,灰质中富含大量的神经元;而女性则擅长用白质思考,白质包含更多神经元之间的连接体。这种生理上的差异决定了心理上的不同,而心理的不同决定了感情相处中的男女有着太多的不一致和不理解,足以引起各种误解和冲突,仿佛火星人碰上金星人般晦涩难懂。例如:男人在感情冲动时往往付诸行动,而女人则倾向于感情表达;男人擅长处理空间问题,而女人则反应灵敏;男人数学推理能力较强,而女人在语言和算术方面表现优秀,形象思维强于男性……

3.环境差异

这里的环境既包含当下所处职场和人际环境,也包括家庭和教育环境,甚至童年所经历的原生家庭环境。不同的外界物质现状,影响着你的知识水平、为人处事的方式等。婚姻必须是物质和精神条件的综合匹配,在不同的物质条件和精神条件下,对物质和精神有着必然的要求。

古代婚姻因经济地位而划分的传统社会等级的"门户"之对的确该摒弃,但现代婚恋中"门当户对"的新文化内涵也不无道理:在双方欣赏、理解、接纳、适应的过程中体现着双方的价值观和生活原则,而这些恰是婚姻稳定的坚实基础。另外,原生家庭的生活习惯、原生家庭父母的感情状况、原生家庭父母的互动模式,都会对新建立的感情关系或新家庭产生无法抗拒的影响。

三、婚恋情感问题的顾问指导方向与策略

1.适应差异,接纳不同

不管是个体差异、性别差异还是环境差异所致的观念不同或性格不同,首先都要接受它们的客观存在。婚姻关系中的两个人,首先是独立的个体,然后才是对方的配偶,双方来自不同的原生家庭,有着不同的人生体验,不管多么知心,也要明确界限。

比如,了解了男女的差异,你就该明白和接受你的女人注定比你爱表达、会表达;而当你不接受她的倾诉和表达时,她就可能转而向别人去表达,或者变倾诉为抱怨来指责你。

再比如,你明白老公是在农村吃苦的环境下长大,就不会把他的节俭看成是对你小气,也不会再逼迫他像你富家小姐一样出手大方。

美国著名心理学家约翰·哥特曼的婚姻研究小组,跟踪研究了650对夫妻,总结说:"婚姻中69%的纠纷永远得不到解决,特别是关于个性问题和价值观的分歧。夫妻间的个性差异、价值观差异其实是很难在婚姻中消除的,但爱商高的夫妇还是能够通过相互接纳和理解,过上美满幸福的婚姻生活。"

暂时放下自己的经验,去顾及彼此的感受,适应对方的习惯,在相互磨合中能够逐渐形成属于两个人的、稳固的、满意舒适的模式,给彼此一定的自由空间,保持独立的自我,你需要做的不是在感情中改变对方,而是要成为最好的自己,活出最自在的自己!

2.内外一致,有效沟通

亲密的关系是多用语言和肢体来表达爱和感恩,而不是争赢了道理,输掉了感情。

作为表达的一方,收起负能量,正确去表达生气、焦虑、恐惧、担心、自责、愧疚……说出这些情绪背后的原因,尽可能以第一人称"我感到……因为……"句式,先处理情绪,再处理问题。

作为倾听的一方,少插嘴打断,少辩解争执,先学会倾听别人,再要求别人来倾听自己。在亲密关系里更要学会在沟通中加入肢体互动,与其冷战到底,不如在爱人的肩头痛哭一场;与其暴力制止,不如给对方一个拥抱或爱抚。

推荐大家尝试练习和使用Satir家庭治疗中的"一致性沟通"模式。

Satir理论认为:任何一种沟通都包含两方面的信息,即语言方面和情感方面(非语言方面)的信息。某个人在作语言陈述时,同时也会自动地表达包括表情、姿态、皮肤色泽、语音语调以及呼吸频率等在内的多种非语言信息,而且这些非语言表达往往反映了人们内心的真实状态。当人们的语言信息与非语言信息一致时,我们就称之为"一致性的沟通",又称为"表里一致的沟通"。

人们的痛苦、压力和焦虑来自不自觉地隔离、否认、拒绝我们的真实感受,导致更容易被负面感受所主宰,难以自拔。学会觉察我们的感受,勇敢地触摸这些感受并接纳它们,尝试和它们和谐相处,这就是一致性的起点。

　　一致性的沟通就是学习同时关注自己、他人和情景,作出最适合的回应。当被一些负面事件、不好的情绪笼罩时,或是每日闲暇时,都可以尝试这样的练习:找一个安静的时间和自己相处,感受自己内心的感觉,允许所有感受自由地跑出来,允许愤怒、失望、伤心、不安呈现它们自己,耐心而真诚地和它们相处,倾听它们内在的声音。

3.健全自我,强化信任

　　信任的最大前提就是彼此真诚,尊重对方,敞开心扉,用心交流,较少误解才能加强信任关系;信任也是相互的,我们期待对方信任自己,也要多做让对方信任的事情。

　　不信任感来临的时候是处理问题的好机会,学会如何处理问题对婚恋关系至关重要,最强大装备就是健全自我,增强自身的安全感。你可以尝试从以下几方面努力:

　　(1)原谅过去

　　如果你的不安全感来自父母或重要他人的否认或批判,那么请先承认这一点,然后原谅他们。承认自己的愤怒,尝试理解并原谅他们的错误行为,因为愤怒对我们无益,让过去的事情一点点过去。

　　(2)接纳自己

　　关注自己的每一部分,包括你不满意的那部分,是它们组成了完整的你。尝试接纳那些不完美的地方,肯定自己,心疼自己,拥抱自己。

　　(3)自我认同

　　如果你意识到你需要别人的认同、表扬、关注等来寻找自我,暂停并尝试用自我认同来代替。你的优秀需要给自己打气而不是通过别人来获得力量,并不是说要孤立自己,而是不单单做别人眼中的自己。

　　(4)和自己比较

　　拿自己的弱处和别人的强处比较,只会让自己更挫败、更沮丧。学习和自己的过去比较,只要自己在不断进步、不断成长,那就是成功。每个人都有自己的精彩之处,有不同的生活轨迹,他们能够幸福,你也可以闪光。

（5）重建信念

通过这一系列的练习,建立一种自己会越来越好的信念,正确暗示,并给自己下定心锚,坚信自己会在未来的某刻发光,而且会变得更好。对未来做各种小小的预期,把很多生活的磨炼变成自己转变的机会。

4.经营感情，增强吸引

婚恋就像一盆花,需要浇水灌溉才可以更绽放,婚姻并不是爱的终点站,相反,它是更深层次的爱的开始。幸福的婚姻生活,就需要时时刻刻去经营它。可遗憾的是婚姻里的大多数人误以为结了婚就万事大吉,忘记了关心、欣赏和赞美对方。

（1）互相欣赏和赞美、鼓励对方

把对方当作一个值得赞赏的对象,告诉他你对他身上的某个特点非常着迷,尤其是对于男性,比如他良好的社交能力,引以为傲的爱好,甚至是健美的身体。

（2）爱他/她就要说出来

太多的人以为爱到深处是无言。其实,爱是很难描述的一种情感,需要详尽地表达和传递。爱需要行动,但爱绝不仅仅是行动,语言和温情的流露也是行动不可或缺的部分。不管婚前还是婚后,多说情话等于变相地说:"我接受你所有的缺点和不完美"。如此一来,你们之间的关系会更加的紧密坚实。

（3）多变换生活方式,提升吸引力

激情是一种"强烈地渴望跟对方结合的状态"。增加激情浪漫的一个法宝是多制造幻想。幻想会增进浪漫,爱人们倾向于把爱情对象理想化,弱化或忽略哪些使他们停顿不前的信息。当然,幻想会随着时间及经验的增多而减退,那提升激情和吸引力的另一个法宝就是制造新奇。新奇会增加激动、精力和欲望,就像第一次亲吻会比接下来成千上万次更令人震颤。多变换生活中各种元素和方式,可以给单调重复的生活增加色彩。

（4）不断学习,共同进步

"自己提升了,而对方还在原地踏步。"两个人的距离越来越大,当距离大到不能够接受了,那吸引力便荡然无存了。要知道当今社会是一个竞争的社会,婚姻市场也一样优胜劣汰。在现实生活中,爱情都是有条件的,每个人都需要从对方身上获得他所需的东西,不光是物质的,更多是精神的,学习并成长是自己的责任!

第四节　亲子家庭中常见心理问题及顾问指导

∷∷∷
∷∷∷

一、儿童青少年心理问题的常见表现

1.儿童青少年心理问题常见表现的三个方面

（1）情绪方面表现

恐惧、焦虑,抑郁。具体表现:情绪波动大,好发脾气,违拗,嫉妒心强,敌意,想轻生,认为活着没有意思,兴趣减少或多变。

（2）行为方面表现

行为极端、注意力欠缺、不愿上学、学习困难、上网、危机行为等。具体表现:离群独处,不与同年龄小朋友一起玩,沉默少语、少动,精神不集中,或过分活跃,暴力倾向,说谎,偷东西,厌学与逃学,有强迫行为,迷恋手机,网络成瘾,逆反,早恋,自杀,自伤等。

（3）生理方面表现

躯体症状、心身疾病、疑病、疑丑等。比如:头部、腹部疼痛,恶心、呕吐、厌食或贪食,早醒,入睡困难,耳鸣,尿频,甚至全身不适(但躯体检查未发现躯体疾病),注重相貌、身高、体重等。

2.儿童青少年心理问题的指导思考

（1）儿童青少年心理问题的特殊性

儿童青少年多为父母带领求助,很少主动求助,因此在问题判定上很大程度取决于父母对儿童青少年情绪、行为等多方面心理表现的认识。对所谓"异常行为"的容忍程度,也带有很强的主观性和片面性。因此对儿童心理健康教育的普及宣传极为重要,毕竟预防大于治疗。

（2）儿童心理问题多是正常发展过程中的偏离

儿童青少年由于有限的语言能力,使其难以用言语准确表达想法和感受。年龄越小其内心世界越是由感受及对感受的反应构成,被动地反应生活环境变化(如离婚、搬迁、换校等),无力采取行动来消除。儿童身心发展快而不平衡,具有很强的可塑性,同时,又缺乏稳定性,很多行为失调可能是对家庭关系、人际关系、生活环境变化的反应,许多看似有问题的行为只是正常发展过程中的偏离,用躯体化、行动化来表达内心世界里的苦恼。

3.顾问应对与处理思路

一要以发展的眼光看问题,儿童期心理不稳定容易出现问题,但因为是过渡性的,若处理得当恢复也快。

二要多培养其以言语表达内在心理,减少其以躯体化、动作化反映心理冲突的行为,相对严重的需要通过医疗卫生系统与躯体治疗相结合。

三要多争得父母的主动配合,把家庭关系的调整放在最关键的位置,根据不同的应激变化做有针对性的处理。

四要争取多方合作,对于已入学儿童,要实现校方与家庭联动。

二、家长心理能力提升与顾问指导

无论校长、局长、部长,你首先有可能是一位"家长";可能做不了县长、市长、省长,你都有可能成为一名"家长"。"家长"是一个当上就不能辞职,终身无法退休的"职务"。

现在很多家长已经意识到教育孩子的重要性,只是五花八门的亲子教育知识令大家不知从何下手。这里列出与培养健康、快乐、成功的孩子关系密切的六大心理视角,供家长们提升心理能力参考。

1.儿童各年龄发展阶段心理特点的基本常识

这里涉及儿童认知发展、情绪发展、个性发展、能力发展、道德发展以及儿童关键期教育等多方面的知识与技能,在本书第二章《心理发展与个体成长》已阐述,这里省略。

2.家庭教育一致性的问题

家庭教育包括四个方面的一致性:

一是作为孩子成长中接触最直接、最紧密两个角色的父母之间的教育理念一致性。

二是父母和其他家庭成员之间,尤其是和长辈隔代教养的情况下,更要讲求一致性。

三是家长们和孩子之间的一致性,一个要管,一个想自由又要依赖父母才能生活,必然产生不一致。

四是同一问题家长态度的一致性,这是很多家长所忽视和不大觉得是问题的问题,前后态度不一极易导致孩子内心冲突。

家庭教育力求一致,但并非完全一致才是正确的。在一定意义上,不一致的观点和冲突,会让孩子看到事物本身的多面性和应对方式的丰富性,也给了孩子学习应对各种冲突的机会,并让孩子学会有弹性地应对生活,提升未来应对社会环境复杂性的能力。没有所谓的对错,只是彼此存在不同看法和要求。

所以,家庭在教育孩子问题上存在差异和冲突是正常的,但是表达方式的不同却可以产生不同的效果。比如很多家庭中夫妻二人故意在孩子面前扮演黑脸、红脸,一个要打,一个使劲护着,有吓唬的,有哄的,以为是最有效的教育方法,实则这样教育下的孩子问题很多:在爸爸面前极其温顺,是乖宝宝;在妈妈面前,极其固执,各种闹腾,为所欲为。甚至还把在爸爸那里积压的怨气,变本加厉地发泄在妈妈身上,恶性循环,情况严重的甚至会造成孩子的双面人格。

家长可以采取的策略和做法:一是家长应在加强自我学习的基础上,多就对孩子的教育观念和教育过程做一些事前沟通,达成基本一致;二是一旦做过事前讨论,只要父母一方处理得合理,另一方就应当予以支持,决不能各唱各的调,更不可以背着另一方在孩子面前去"做好人""做评论者";三是针对相对大一点的孩子,要采取同孩子协商的方式,出现不一致时,懂得告诉孩子真相,了解孩子的感受,相信孩子的判断,尊重孩子的选择;四是不管哪个年龄段的孩子,家长都不要在孩子面前直接发生冲突,孩子会因不知道该服从谁而内心困惑无助。

3.家长言传身教的问题

一个小故事:

话说从前,有一户人家,家里有五口人,三代同堂,爷爷、奶奶、爸爸、妈妈和一个儿子。爷爷、奶奶七八十岁了,老了,走不动了,爸爸妈妈觉得爷爷奶奶是一个包袄。两人商量,决定把爷爷、奶奶丢进大山里去。一天晚上,他们把爷爷、奶奶装进一个大竹篮里,两人把他们抬进大山。当他们正准备把爷爷、奶奶扔下不管时,他们的儿子在旁边说话了:"爸爸妈妈,你们把爷爷、奶奶丢在大山里,这个大篮子就不要丢了。"爸爸妈妈感到很奇怪,问儿子,为什么要把篮子带回家。儿子回答:"等你们老的时候,我也要用这个大篮子抬你们进山,把你们丢进大山里。"爸爸妈妈听了,心里慌了,赶紧把爷爷奶奶抬回家,好心侍候,再也不敢如此对待父母了!

观察和模仿成人是孩子成长的重要途径,他们的习得绝大多数来自对身边大人的模仿,以此方式来满足自己的好奇欲,加深对未知领域的了解。孩子的辨别能力差,是非观念区分不清,容易混乱,一旦面对一些"好玩"或"不解"的问题,极容易盲目模仿。

家长的正确做法:父母应时时刻刻注意自己在孩子面前的言谈举止,处处做好孩子的表率。要求孩子做的,我们要首先做,要多做,把生活中最积极的一面、情绪上最乐观的一面展示给孩子;把好的生活习惯和说话方式展示给孩子;把自己面对问题、解决问题的过程展示给孩子。切记不要唠叨"看爸妈这样做了哦,你也要这样做",这是对孩子智商的侮辱,也可能会让孩子感觉大人做就是为了设陷阱,言语的重复远远不及无痕教育来得深刻。

无痕教育是最有效、最深刻的教育,大人对孩子的教育如果可以在自己生活的一言一行中进行,让孩子看在眼里、记在心里,这,才是最成功的。

4.儿童正向行为塑造与自主性培养问题

(1)"温柔+坚持"

面对孩子的对抗甚至"胡闹"行为,家长通常都很头痛,也习惯性地会说"乖哦,听话,妈妈就怎么怎么,不乖的话,妈妈就不爱你了";孩子也会常常反过来要挟妈妈"你不陪我/不帮我,我就不乖",形成了一个对抗的死结。温柔并不只是说话轻声细语,坚持也并不是在任何情况下都不妥协。温柔不仅表现在语气和态度上,更重要的是对孩子情绪和整体的接纳,让孩子感受到爱;坚持不是不让步,而是守住底线,底线之上灵活处理。

父母内心需要坚定原则和清楚底线,孩子可以决定什么,不可以决定什么。比如,夜里九点上床睡觉,是必须听从父母的事情,父母内心就要很坚定了,而且要态度一致。到了时间九点钟的时候,父母谁都可以去跟孩子说要睡觉了。如果孩子有些事还没做完,可以同意延长十分钟。但是九点十分,父母必须把孩子带到床上,关灯睡觉。不管孩子哭闹还是使劲乱动,都必须让他在床上。可以在他哭闹时搂着他、爱抚他,这就是温柔;但不能让他去做别的事情,这就是坚持。

(2)"自主+规矩"

既要给孩子定规矩、严要求,又要给孩子自主权和自由。只强调规矩,就过于抑制,很容易让人不快乐、有逆反心理;只强调给孩子自由,完全听从自己的欲望和冲动,结果似乎更糟。对于孩子,自主性的培养比智商更有助于提高学习成绩,比情商更有助于开展社会交往。

培养孩子自主性需要家长信任放手,在确保孩子安全的情况下,创设利于孩子探索的环境,比如,在把剪刀、细碎的东西、易碎品等都收到孩子碰不到的地方,把插座、窗户都加上防护的情况下给孩子一个不限制玩耍的空间。

父母需要坚定对孩子的信任,并且调整自己的期待。在孩子畏惧的时候,可以鼓励孩子尝试;孩子做的不是那么好,也要认可孩子的行动;即使孩子在探索时犯了错,也要耐心地讲解和引导。当孩子体验到独立、创造的快乐时,他们会感受到自己强烈的力量,这不但可以推进孩子自主性的发展,也可以为孩子未来生活打下良好的基础。

5.儿童情绪管理与沟通问题

儿童如果时常表现出急躁、易怒、悲观或者孤独、焦虑,对自己不满意等,会很大程度地影响其今后的个性发展和品格培养。而且,负面情绪是沟通的最大障碍,如果负面情绪常常出现,持续时间越来越长,会对人格产生持久的负面影响,进而影响孩子的身心健康与人际关系的发展。

情绪管理和沟通的能力是指识别和理解自己和他人的情绪状态,并利用这些信息来解决问题和调节行为的能力。具体包括察觉和了解自己情绪的能力,准确读懂和理解他人情绪的能力,用积极的方式控制和表达激烈情绪的能力,在了解自己和他人情绪需求基础上规范自己行为的能力,同情他人的能力,建立和维系与他人关系的能力等。

首先,大人要控制好自己的情绪,了解孩子的情绪,表达对孩子情绪的感同身受,这样子就可以和孩子建立起基于信任和爱的关系。

其次,让孩子理解自己情绪的来源和自己的情绪/言行对别人的影响,同时让孩子了解其他表达情绪和解决问题的方式。你可以让孩子哭两分钟,然后坐在他身边:"我感觉到了,你挺伤心的,对吧? 我们可以聊聊,需要再给你一两分钟调整一下情绪吗?"

接下来,要作平等性的谈话。多询问孩子的想法;适当表达自己的意见,和孩子商量讨论,共同决定。记住,要用孩子能听懂的语言和内容,只要先讲情再讲理,任何年龄的孩子都有懂道理的能力。

6.性教育与儿童性猥亵预防问题

对孩子进行性教育,已经成为刻不容缓的事情,你嫌对孩子进行性教育太早,猥琐大叔可是随时做好了准备! 但是很多家长都存在着侥幸心理,总是认为不幸的事情都只是电视和电影中的故事,离我们很遥远。有些家长意识到对孩子进行性教育是必须的,但是又觉得对孩子进行性教育是个很尴尬的难题。

性教育的范畴:身体发育的生理知识、生殖器官的卫生保健知识;性别角色方面的教育;两性之间协调与交往的知识与技巧;性道德、性伦理知识等。我们在探讨儿童性教育的问题上,不是聚焦在性交这一件事上,而是更广泛意义的性。

进行儿童性教育的第一步,是作为家长首先要解除性敏感。很多家长仍处在一个谈性色变的阶段,要真正明白性欲和我们饿了要吃饭的食欲、困了要睡觉的倦意没什么不同,是人类一种很普通的欲望,在本质上,这些都是我们作为人类能够生存的基本欲望。我们需要从思想上真正地接受性教育,把性欲看成是人类生存、生活的普遍欲望,不再难以启齿,不再遮掩羞涩。

第二步,是家长大胆开口谈论与性相关的话题。随着孩子的长大,他们会不断地提出一些和性有关的话题,小朋友经常会问各种与性有关的话题。比如"爸爸妈妈,我是从哪里来的?"在中国,很多家长都会调侃,你是垃圾桶里捡来的、你是充话费送的等。

家长以为这是一种很幽默的玩笑,但却忽略了孩子的感受,不仅让孩子产生和父母的疏离感,因为他得到的答案是他和父母没有关系,同时还会产生自卑感,因为他来到这个世界的方式是那么的随意和没有价值。

最好的方式就是直接告诉孩子真相,用有想象力的方式形象地告诉孩子真相。"你是从妈妈的肚子里来的,妈妈身体里有一条通道,像走廊一样,叫作阴道,宝宝就是从阴道里出来的",还可以更进一步解释关于精子和卵子的故事,当然你可以借助各种儿童性教育的绘本来和孩子讲述。

儿童性教育中最重要的一个部分是预防儿童遭受性侵和猥亵。家长们需要做的是提高孩子的安全意识。尤其是在孩子上幼儿园之前,就应该让孩子明白:我们的身体有一定的界限,尤其是我们的隐私部位,不可以给别人摸、给别人看;遇到这样事情的时候一定要回到家告诉爸爸妈妈,不要为坏人保守秘密。

童年时代遭受性侵和猥亵后,如果没有得到很好的心理帮助,成年后会诱发各种问题。比如对亲密关系的恐惧,厌恶身体的接触,性欲的减退,性取向偏差,甚至严重到导致抑郁、焦虑乃至自杀。所以除了要给予孩子正确的性教育以外,如果遇到了我们解决不了的情况,一定要及时求助心理专业人士。

❓ 思考题

1. 婚恋家庭领域心理顾问的服务对象和内容?

2. 婚恋家庭领域心理顾问服务的常见形式?

3. 鲍恩系统式家庭治疗理论所提出的八大基本概念是什么?

4. 简述结构式家庭治疗理论。

5. 简述策略是家庭治疗理论。

6. 家庭生命周期所包含的六个阶段是什么?

7. 婚恋情感中常见的六大心理问题是什么?

8. 简述婚恋情感中心理问题的基本成因。

9. 心理顾问在指导婚恋情感问题时的指导方向与策略有哪些?

10. 如何增强个体自身内在的安全感?

11. 感情经营中如何提升两性吸引力?

12. 儿童青少年心理问题的主要表现有哪些?

13. 儿童青少年心理问题的指导方向与顾问思路是什么?

14. 家长心理能力提升的重要方面有哪些?

15. 家庭教育的一致性包括哪些方面的内容?

16. 家长达成教育一致的做法和策略有哪些?

17. 如何合理塑造儿童正向行为和培养自主性?

18. 如何培养儿童的情绪管理能力?

19.简述儿童性教育的范畴。

20.如何合理地进行儿童性教育?

本章参考文献

[1] 帕特森,等.家庭治疗技术[M].王雨吟,译.2版.北京:中国轻工业出版社,2012.

[2] 刘文利.珍爱生命——小学生性健康教育读本[M].北京:北京师范大学出版社,2010.

[3] 刘金花.儿童发展心理学[M].修订版.上海:华东师范大学大学出版社,2013.